清华电脑学堂

U0285870

PPT

办公应用标准教程

设计、制作、演示

全彩微课版　　刘松云　魏砚雨◎编著

清华大学出版社
北京

内容简介

本书以PowerPoint软件为写作平台，以实际应用为指导思想，用通俗易懂的语言对这款主流办公软件进行详细介绍。

全书共10章，内容涵盖了PPT学前准备、素材收集、配色常识、基本操作、版式布局设计、文字设计、图片设计、图形美化、表格应用、音视频应用、动画的添加、超链接的使用、放映/输出，以及实操案例的制作等。每章正文中穿插"动手练"，结尾包含"案例实战""手机办公""新手答疑"等板块。

全书结构编排合理，所选案例贴合职场实际需求，可操作性强。案例讲解详细，一步一图，即学即用。本书不仅适合办公室文秘、销售、教师、公务员以及企事业单位人员阅读使用，还适合作为社会相关培训机构的参考教材。

图书在版编目（CIP）数据

PPT办公应用标准教程：设计、制作、演示：全彩微课版 / 刘松云, 魏砚雨编著. —北京：清华大学出版社, 2021.3
（清华电脑学堂）
ISBN 978-7-302-57455-2

Ⅰ．①P… Ⅱ．①刘… ②魏… Ⅲ．①图形软件 – 教材 Ⅳ．①TP391.412

中国版本图书馆CIP数据核字(2021)第022609号

责任编辑：袁金敏
封面设计：杨玉兰
责任校对：胡伟民
责任印制：沈 露

出版发行：清华大学出版社
　　网　　　址：http://www.tup.com.cn, http://www.wqbook.com
　　地　　　址：北京清华大学学研大厦A座　　　　　　邮　　编：100084
　　社 总 机：010-62770175　　　　　　　　　　　邮　　购：010-83470235
　　投稿与读者服务：010-62776969, c-service@tup.tsinghua.edu.cn
　　质 量 反 馈：010-62772015, zhiliang@tup.tsinghua.edu.cn
印 装 者：北京嘉实印刷有限公司
经　　销：全国新华书店
开　　本：170mm×240mm　　　印　　张：13.75　　　字　　数：325千字
版　　次：2021年4月第1版　　　　　　　　　　　印　　次：2021年4月第1次印刷
定　　价：59.80元

产品编号：089020-01

前 言

▌编写目的

也许有人会说："做PPT，无非是套套模板，改改内容这点事而已"。其实不然，如果没有领悟到PPT的精髓，只会按部就班地将文字挪到PPT中，那么这样的PPT还不如不做。

PPT是辅助演讲的一种手段，PPT做得好，会使演讲锦上添花；做得不好，演讲效果会大打折扣。

本书以理论与实际应用相结合的方式，从易教、易学的角度出发，详细地介绍PPT的基本操作技能，同时也为读者讲解设计思路，让读者掌握分辨好、坏PPT，提高读者的审美能力。

▌本书特色

● **理论+实操，实用性强**。本书为每个疑难知识点配备相关的实操案例，使读者在学习过程中能够从实际出发，学以致用。

● **结构合理，全程图解**。本书全程采用图解的方式，让读者能够直观地看到每一步的具体操作。

● **手机办公，工作不耽误**。本书在每章结尾处安排了"手机办公"板块，让读者在掌握计算机端办公技能的基础上，还能够了解如何利用手机进行在线办公。让计算机、手机无缝衔接，享受随时随地都可在线办公的便捷。

● **疑难解答，学习无忧**。本书每章安排了"新手答疑"板块，主要针对实际工作中一些常见的疑难问题进行解答，让读者能够及时地处理好学习或工作中遇到的问题。同时还可举一反三地解决其他类似的问题。

▌内容概述

全书共分10章，各章内容如下。

章	内 容 导 读	难点指数
第1章	主要介绍制作PPT的准备工作，包括文案内容的准备、配图的准备，如何挑选模板以及必备的PPT配色常识等	★★☆
第2章	主要介绍PPT的一些基础操作，包括PPT的组成结构、PPT操作界面的介绍、PPT软件的基本操作、幻灯片的基本操作等	★☆☆

章	内 容 导 读	难点指数
第3章	主要介绍PPT的版式布局的应用，包括PPT主题功能的使用、背景的设计使用以及版式布局设计等	★☆☆
第4章	主要介绍PPT字体的设计与应用，包括字体的选择、文字段落设置的基础操作、文字的高级应用等	★★☆
第5章	主要介绍PPT图形图像的设计与应用，包括图片的插入与修饰、图形的插入与编辑、SmartArt功能的使用等	★★★
第6章	主要介绍PPT表格图表的设计与应用，包括表格的基本操作、图表的基本操作以及如何利用表格排版	★★☆
第7章	主要介绍音、视频的添加与应用，包括音频与视频的添加、音频与视频的编辑与美化等	★★★
第8章	主要介绍动画效果的添加操作，包括基本动画的添加、组合动画的添加、动画参数的设置以及页面切换动画的设置操作	★★★
第9章	主要介绍PPT的放映与输出操作，包括页面链接的设置、PPT的放映模式、PPT的输出方式等	★★☆
第10章	以两个具体的实操案例，总结归纳全书重要的知识点	★★★

▌附赠资源

● **案例素材及源文件**。附赠书中所用到的案例素材及源文件，扫描图书封底二维码下载。

● **扫码观看教学视频**。本书涉及的疑难操作均配有高清视频讲解，共36个，近70分钟，读者可以扫描二维码边看边学。

● **其他附赠学习资源**。附赠实用PPT办公模板200多个、PPT小技巧动图演示140多个、Office常用快捷键手册、Office办公学习视频100集，可进QQ群下载（群号在本书资源下载包中）。

● **作者在线答疑**。作者团队具有丰富的实战经验，在学习过程中如有任何疑问，可加QQ群交流（群号在本书资源下载包中）。

本书由刘松云、魏砚雨老师编著，在编写过程中力求严谨细致，但由于时间与精力有限，疏漏之处在所难免，望广大读者批评指正。

编 者

目 录

PPT入门必备

PPT基础

第3章 PPT版式布局设计

第4章 字体的设计与应用

图形图像的设计与应用

表格图表的设计与应用

音、视频的添加与应用

动画的设计与应用

PPT的放映与输出

第10章 PPT在实际工作中的应用

附录

第1章
PPT入门必备

对于新手来说，学会做PPT很简单，掌握好一定的制作技巧就可以了，但是要想做得令人耳目一新就不容易了。本章将向读者简单介绍一些PPT制作的基本知识，为后面的PPT设计与制作打好基础。

1.1 初识PPT

PowerPoint是集文案策划、平面设计、动画演绎为一体的演示工具，广泛应用于职场各个领域，例如项目工作汇报、企业产品展示、活动策划方案、教育培训课件、个人演讲报告等。

1.1.1 PPT的分类

PPT可按应用场合分，也可按功能分。

（1）按应用场合分。

按PPT的应用场合可分为四类：汇报型、课件型、商务型和演讲型，如表1-1所示。

表1-1

类　型	应用场合	主要内容
汇报型	公司内部	以工作事项及数据分析为主
课件型	学校、培训机构	一般用来配合教师上课使用
商务型	商务交流	以企业产品展示为主
演讲型	公共场合	以阐述作者的观点为主

（2）按功能分。

按PPT的功能可分为阅读型和演讲型，如表1-2所示。

表1-2

类　型	结构形式	优　点	缺　点
阅读型	以浏览为主，图少，字多，含有大量的链接按钮，引导读者自行阅读	内容丰富，交互性较强	耗时
演讲型	以讲为主，图多，字少。强化观点，突出主题	具有视觉冲击力	需人讲解

用户在制作PPT前，需要了解要制作的PPT属于哪种类型，做到心中有数，这样才能把握好PPT的设计思路，为后期内容组织做铺垫。

1.1.2 了解PPT的制作误区

对于新手来说，制作PPT常常会陷入三个误区：Word文字搬运工、逻辑不清晰、滥用动画效果。这三个误区往往是造成低质量PPT的关键所在。

1. Word 文字搬运工

在职场中，不少人为了节省时间，习惯将Word文件中的内容直接复制、粘贴至PPT中，对内容没有加以提炼，其实这样制作的PPT意义不大。制作PPT是为了直观地表达出自己的观点，让受众能够快速理解并接受，提高沟通效率。如果只做表面文章，按惯例行事，那还不如不做的好。

2. 逻辑不清晰

内容是判断PPT好坏的重要标准，而内容的好坏，关键在于它的逻辑性。如果内容模糊不清，没有逻辑，这样的PPT即使内容再丰富，修饰得再美观，也无济于事。因为受众很难从中获取到有价值的信息，也无法领会到讲述者的意图。

好的结构起码是经过提炼的，同时也要承载讲述者的观点和意图，经过层级化的分解，使其观点更清晰明了。

3. 滥用动画效果

动画是PPT的精髓，能够快速吸引观众的注意力，从而提高沟通效率。而盲目追求酷炫的动画效果，不考虑实际需求，这是新手最容易犯的错误。在PPT中添加过多的动画，观众的注意力只会集中在动画上，而忽略了PPT的主题，这样本末倒置的PPT，无疑也是失败的。

动画是服务于内容的，制作者只需在该强调的内容上添加动画即可。强调该强调的，忽略该忽略的，这样的动画效果才算运用得正确。

注意事项 除了以上三个误区外，还有一点也是新手易犯的错误，就是过度美化PPT，使PPT看起来五彩缤纷，这样反而会使PPT的主题不突出。

1.2 四步提升PPT品质

对于一些单调乏味的PPT来说，如何提升它的美观性呢？用户可以通过改变字体、应用好配图、设置好动画、搭配好颜色这四个步骤来操作。

1.2.1 使用多样化的字体

在美化PPT时，很多人会将精力放在页面版式的美化上，而忽视了文字本身也可作为美化的元素。用户在选用字体时，不要一味地使用默认字体，稍微改变一下字体，其展示效果就大不相同，如图1-1所示。

 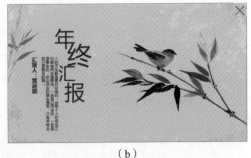

（a） （b）

图 1-1

图1-1所示的两张图中内容相同，版式相同，唯一不同的就是字体。图1-1（a）使用的是书法字体，而图1-1（b）使用的是默认字体。从风格效果上看，书法字体更适合于表现与背景图一致的中国风，所以图1-1（a）要比图1-1（b）更和谐。

不同的字体给人的感受是不一样的。粗壮型的字体给人以力量、稳重感；纤细苗条的字体给人以柔美、秀丽感。除此之外，不同场合所使用的字体也不同。

● **严肃场合**。例如学术研讨、产品发布等，此类场合使用的字体不易太过花哨，应使用大方、简洁的黑体类字体，如图1-2所示。

图 1-2

● **轻松场合**。例如游戏活动、故事分享、相册等，此类场合适用于轻松、活泼的字体，可根据主题内容选择书法体、卡通体、手写体、广告体等，如图1-3所示。

图 1-3

在使用字体时，一定要注意风格统一。一张页面一般使用两种字体即可。在使用非默认字体时，一定要注意所用字体的版权。如需商用，请购买相应的版权。

▌1.2.2 使用优质的配图

字体选择好后，接下来就需要为内容匹配相应的图片了。在页面中添加图片的目的有两个：一个是对重要内容进行解释说明，另一个是为了美化页面效果。然而用户在选择图片时，也是有一定讲究的。

● **选择高清的图片**。尽量选用分辨率较高的图片，这样展示效果会更好。图1-4所示的是高分辨率图与低分辨率图效果对比，显然前者更好。

图 1-4

● **选择符合主题的图片**。选择与主题内容相符的图片能够引起观众的共鸣，从而强调自己的观点，增强说服力；相反，选择与主题无关的图片，往往会打断观众的思绪，破坏气氛，影响效果，如图1-5所示。

图 1-5

▌1.2.3 使用恰当的动画效果

添加动画是有讲究的，不是随便什么动画都可以套用。它需要遵循三个原则：必要性、连贯性和简洁性。

● **必要性**。动画是为了强调某一观点而使用的，并非是为了博人眼球。动画的使用量要恰当，过多的动画只会喧宾夺主，影响内容的展示；而过少动画则使PPT效果平平，显得单薄。所以，动画效果只应用在该强调的内容上，至于一些陪衬内容则无须添加。

● **连贯性**。添加的动画一定要流畅、连贯。例如，球体运动往往伴随着自身的旋转；两物体相撞时会发生一系列惯性运动。那些脱离自然规律的动画，往往会令观众反感。

● **简洁性**。用简洁的动画来表达某种观点，这样观众才会记忆犹新。相反，节奏拖拉、动作烦琐的动画则会快速消耗观众的耐心，从而无心听讲。

1.2.4 使用合适的页面配色

页面配色也是提升PPT品质的一个关键。无论用户对色彩这门学科了解多少，但最基本的配色知识还是要掌握的。

1. 色彩三要素

色彩由色相、明度和饱和度这三个要素组成。

● **色相**：每一种色彩的质的相貌，如红、橙、黄、绿、青、蓝、紫等，如图1-6所示。色相体现着色彩的性格，它是色彩的灵魂。

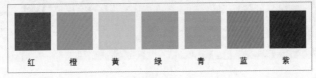

图 1-6

● **明度**：色彩的明亮度。任何一种色彩都有明度特征。在有色彩系中，黄色明度最高，紫色明度最低，如图1-7所示。在无色彩系中，白色明度最高，黑色最低。

图 1-7

知识点拨

色彩分有色彩系和无色彩系。其中有色彩系指色环中所有的色彩，例如红、黄、蓝、紫等，色彩变化比较复杂。无色彩系包括黑、白、灰这三种颜色，有明暗变化。

● **饱和度**：色彩的鲜艳程度，也称纯度。饱和度越高，颜色就越鲜艳；饱和度越低，颜色就越暗沉。无论哪种颜色，饱和度越低越接近于灰色，如图1-8所示。

图 1-8

2. 认识色环

色环由12～24种基本颜色组成。以12色环为例，色环相隔120°时所指的颜色为对比色（其中红、黄、蓝为三原色），如图1-9所示。对比色的搭配会形成非常和谐的组合。为了保证这种方案的色彩平衡，建议使用一种颜色作为主色，其他颜色作为衬托色，否则很容易使整体搭配显得凌乱，如图1-10所示。

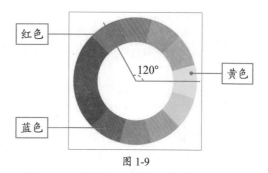

图 1-9

图 1-10

在色环中，90°之内的颜色均为邻近色，如图1-11所示。这类色彩搭配柔和、大方，易产生明快、生动的层次效果，如图1-12所示。

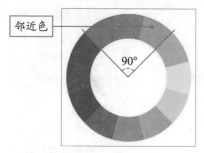

图 1-11

图 1-12

在色环中相隔180°的两个颜色为互补色，如图1-13所示。互补色拥有强烈的分歧性，适当运用能够增强画面的视觉冲击力，如图1-14所示。

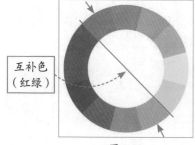

图 1-13

图 1-14

一张页面中，根据颜色所占的比例可分为主色、辅助色和点缀色。其中主色决定着页面的基础色调，它可以是一种色彩，也可以是一个色系，占页面60%以上；辅助色可以使画面变得丰富有趣，并且能够增强画面的视觉冲击力，占页面的30%左右；点缀色起画龙点睛作用，用来突出主题，吸引观众视线，占页面的10%左右。

3. 色彩的感知

在实际生活中，红色与黄色、橙色搭配，会给人以温暖的感受；而蓝色与黑色、灰色搭配，给人以安静沉稳的感受。在PPT中色彩给人的感受也同样存在，并适用于表达不同的内容。

● 红色适用于制作金融财会、党政机关、喜庆节日等内容的PPT，它有着吉祥、快乐、热情、活泼的寓意，如图1-15所示。

图 1-15

● 橙色适用于制作餐饮美食、老年产品等内容的PPT，它有着温馨、祥和的寓意，如图1-16所示。

图 1-16

● 黄色适用于制作安全培训、儿童教育、大型机械等内容的PPT，它有着明朗、华丽、警示的寓意，如图1-17所示。

图 1-17

● 绿色适用于制作卫生保健、公益环保等内容的PPT，它有着平静、安逸、生命力的寓意，如图1-18所示。

图 1-18

● 蓝色适用于制作科技、商务等内容的PPT，它有着深沉、永恒、理智的寓意，如图1-19所示。

图 1-19

● 紫色适用于制作女性产品宣传、节日或纪念日等内容的PPT，它有着优雅、高贵、神秘的寓意，如图1-20所示。

图 1-20

● 白色和任何颜色搭配都会显得干净，清爽，属于百搭款，它有着纯洁、纯真、朴素、神圣的寓意。

● 黑色与其他颜色搭配可以很好地衬托对方，同样也属于百搭款，它有着崇高、严肃、刚健、坚实和黑暗的寓意。

1.3 高质量素材的收集秘籍

制作PPT需要选用合适的素材，如何能够高效、高质量地收集到素材呢？下面将介绍收集素材的小秘诀。

1.3.1 收集字体素材

系统中内置的字体很有限，如果想要尝试不同风格的字体，就得安装新字体。那么这些字体该到哪里去找呢？下面推荐几个字体库和字体网站，以供读者参考。

1. 找字网

该网站收集了多种比较有名的中文字体，例如方正系列、汉仪系列、叶根友系列、华康系列等，如图1-21所示。

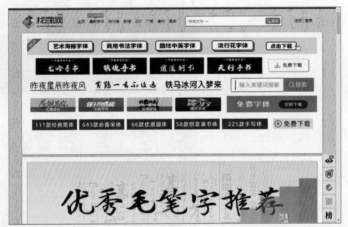

图 1-21

2. 方正字库

该字库包括民族文字体70多款，有4款是包含7万多汉字的超大字库，主要应用在出版、印刷、包装、设计、广电、办公等领域，如图1-22所示。

图 1-22

3. 造字工房

它是比较优秀的字体设计商，所设计的字体常被年轻人追捧，如图1-23所示。

图 1-23

网上大部分的字体是有版权的。是否有可从商用的无版权字体呢？下面介绍两个可商用的免费字体系列，用户可以直接使用。

● **思源黑体系列**。思源黑体系列为谷歌公司开发的开源字体。该系列对中（简体/繁体）、日、韩三国汉字进行了全面优化和支持，如图1-24所示。

图 1-24

● **站酷字体系列**。站酷网也推出了几款开源免费字体，例如站酷高端黑、站酷庆科黄油体、站酷快乐体等，如图1-25所示。

站酷高端黑
免费商用字体

站酷庆科黄油体
免费商用字体

站酷酷黑
免费商用字体

站酷快乐体
免费商用字体

图 1-25

1.3.2　收集图片素材

对于图片的收集，大部分用户习惯使用百度搜索，但搜索效果可能不尽如人意。为了让用户能够既快又好地搜集到好的图片，这里分享几个素材网站，以供参考使用。

1. 摄图网

该网站汇集了大量的摄影作品，用户可以通过分类列表来搜索自己所需的图片素材，如图1-26所示。需要注意的是，该网站是付费网站。

图 1-26

2. 站酷网

该网站是国内大型综合性设计师平台。它汇集了图片、视频、字体、音乐等大量设计素材。进入网站后单击导航栏中的"正版素材"链接文字，在其下拉列表中选择"图片"选项，随即进入图片专区。在此可下载高质量的图片文件，如图1-27所示。该网站为收费网站。

图 1-27

3. Pixabay

该网站提供支持中文搜索的无版权可商用图片库。通过其官网即可进入，在搜索栏中输入关键字搜索，即可得到高质量图片，如图1-28所示。

图 1-28

1.3.3 收集配乐素材

如果需要在PPT中添加背景音乐或动画音效，用户最好去一些大型的音乐网站收集下载音乐，如虾米网、网易云音乐、QQ音乐盒等，如图1-29所示。这些网站中的音频文件几乎都是音乐爱好者收集并分享的，其音色质量相对比较高。需要注意的是，目前大多数音乐网站的资源都需要付费才可以下载使用。

图 1-29

⚛ 案例实战：快速更换岗前培训目录页颜色

下面将利用取色工具，为岗前培训PPT的目录页更换主题色。

Step 01 打开本章配套的素材文件，如图1-30所示。

图 1-30

Step 02 将"配色卡.jpg"图片素材拖至目录页面中，如图1-31所示。

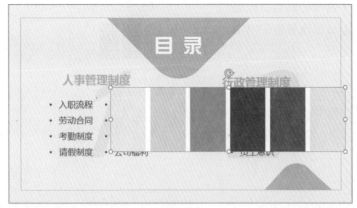

图 1-31

Step 03 选中图片右下角的控制点，按住Ctrl键拖曳控制点至合适位置，使图片等比例缩小，然后将图片移动至页面左下角，如图1-32所示。

图 1-32

Step 04 选择页面中的方框图形，在"绘图工具-格式"选项卡中单击"形状轮廓"下拉按钮，选择"取色器"选项，如图1-33所示。

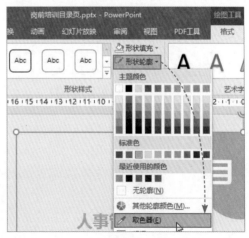

图 1-33

Step 05 当鼠标指针呈吸管状后，单击图片中需要的颜色，此时在吸管右上方会显示该颜色的RGB值，如图1-34所示。

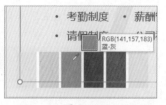

图 1-34

Step 06 被选中的方框颜色随即改为选取的颜色，如图1-35所示。

图 1-35

Step 07 选中页面中的两个黄色圆角三角形，在"绘图工具-格式"选项卡中单击"形状填充"下拉按钮，在"最近使用的颜色"中选择刚吸取的颜色，即可完成颜色的更换，如图1-36所示。

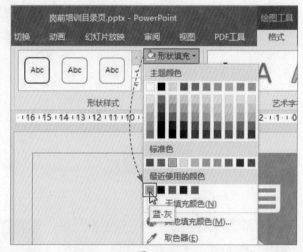

图 1-36

Step 08 按照同样的方法，更换页面中的文字颜色，结果如图1-37所示。

图 1-37

手机办公：利用手机查看PPT文件

下面介绍如何利用Microsoft Office APP（下文简称Office软件）来查看并编辑PPT文件的方法。

Step 01 在手机中需要先安装Office软件。当接收到PPT文件后，单击即可打开预览模式。单击该模式右上角"…"按钮，选择使用"其他应用"打开，如图1-38所示。

Step 02 在打开的应用列表中选择"Microsoft Office"选项，根据需要选择"总是"或"仅此一次"选项，这里选择"仅此一次"选项，如图1-39所示。若选择"总是"，则下次将默认使用该软件打开Office文件。

Step 03 此时该PPT文件为只读状态，用户只能对其进行浏览。若想对文件加以修改，则需要将其保存至手机中。单击右上角"⋮"按钮，在打开的列表中选择"保存"选项，如图1-40所示。

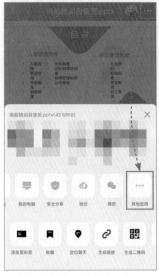

图 1-38

图 1-39

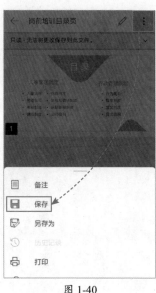

图 1-40

知识点拨

通常手机会自带查看文件的阅读器，但它仅支持浏览查看，如果想要对其进行编辑加工，那么就需要利用专业的软件来操作。

QA 新手答疑

1. Q：我是新手，想要学 PPT 制作，却不知从哪下手？

A：对于新手来说，首先要熟悉并掌握PowerPoint软件的基础操作。掌握基础操作后，多看多模仿达人们的PPT作品，不断提高自己的审美和设计技能，时间久了自然会形成自己的设计风格。

2. Q：PPT 的制作流程有哪些？

A：PPT制作大致分为5步：①收集和整理素材文件；②厘清PPT内容主线，构思整体框架；③设计好整体版式与配色；④利用软件各种功能来制作；⑤放映检查PPT文件。

3. Q：PPT 的应用领域有哪些？

A：PPT的应用领域大致分为4方面：一是现代办公领域，例如工作报告、销量分析报告等，如图1-41所示；二是教育和培训领域，使用PowerPoint软件制作教学课件，不仅可使枯燥的理论知识变得生动有趣，也能够让学生在更短的时间内接受更多的知识，如图1-42所示；三是商业宣传活动，在商业活动和企业宣传中，演示文稿越来越受推崇，使用PowerPoint软件可以制作出优秀的项目竞标书、产品宣传册等；四是个人或企业形象展示，PPT还可以用于个人形象展示，例如在求职时制作个人简历，或者企业宣传介绍产品使用。

图 1-41

图 1-42

4. Q：PPT 除了做报告、演讲稿外，还能做什么？

A：PPT的使用范围非常广，除以上介绍的几方面外，还可以做宣传海报、读书笔记、电子相册等。

第2章
PPT基础

本章将向读者介绍PPT的组成和结构、PowerPoint的操作界面、PowerPoint的基本操作等知识，为下一步制作PPT打下坚实的基础。

P 2.1 PPT文件和工作界面

在学习PPT操作前，需要先对PPT的组成结构有所了解。俗话说："知己知彼，百战不殆"，在了解了PPT的整体结构后再进行深入学习，才会更加轻松自如。

2.1.1 PPT文件的组成

PowerPoint软件的中文名称为演示文稿，俗称幻灯片，是目前应用较为广泛的演示文稿设计工具。一个PPT文件由多张幻灯片组成。如果将PPT比作一本书，那么幻灯片就是这本书中的每一页，如图2-1所示。

图 2-1

完整的PPT大致由封面页、目录页、过渡页、内容页和结尾页这5部分组成。

1. 封面页

封面页是PPT的门面，门面修饰的好与坏，直接影响整体效果。封面页中展示的信息宜简单明了，通常只需展示出标题内容即可，如图2-2所示。

2. 目录页

目录页会展示出PPT的结构大纲。通过目录，可以对整体内容有大致的了解，如图2-3所示。目录页不适合使用夸张的表现手法，简明扼要地将内容表达清楚即可。

图 2-2

图 2-3

3. 过渡页

过渡页起承上启下的作用，在幻灯片较多的情况下，使用过渡页可以给观众一个短暂的休息时间，如果幻灯片较少可以不用。

4. 内容页

内容页是PPT精彩与否的关键所在。在内容页中需要明确体现出制作者的观点，其形式一般以图文结合的方式来展现，如图2-4所示。内容的页数不受限制，根据具体内容的情况来安排。

图 2-4

5. 结尾页

结尾页与封面页相呼应，体现内容的完整性。一般在结尾页中放致谢语或正能量的语句，或点题语句，如图2-5所示。

图 2-5

2.1.2　认识PPT的工作界面

接下来介绍PowerPoint的操作界面。熟悉操作界面，会对以后的技能学习有很大帮助。

启动PowerPoint软件后，随即会出现其操作界面，如图2-6所示。

图 2-6

1. 标题栏

标题栏位于界面的最上方。从左至右依次显示快速访问工具栏、文档名称、功能区选项按钮以及窗口控制按钮。

在快速访问工具栏中会显示保存、撤回、恢复、从头开始以及在Microsoft Word中创建讲义这几个命令选项按钮。用户可以根据自己的使用习惯，将一些常用的操作命令放置到工具栏中。具体方法是，单击快速访问工具栏右侧的下拉三角按钮，在打开的下拉列表中，勾选需要显示的选项即可，如图2-7所示。若当前列表中没有需要的选项，可选择"其他命令"选项，在"PowerPoint选项"对话框中的"快速访问工具栏"界面中选择需要的选项即可。例如添加"对齐对象"选项按钮，则在对话框的"从下列位置选择命令"下拉列表中先选择"所有命令"，并在下方的命令列表中选择"对齐方式"，单击"添加"按钮，该命令将被添加至右侧"自定义快速访问工具栏"列表中，单击"确定"按钮，完成命令添加操作，如图2-8所示。

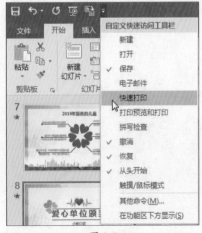

图 2-7

图 2-8

2. 功能区

功能区位于标题栏下方，该功能区由10个选项卡组成，每个选项卡下又包含多个选项组，相同类别的命令通常集中在同一个选项组中，如图2-9所示。

图 2-9

默认情况下功能区包含10个选项卡，分别为"文件""开始""插入""设计""切换""动画""幻灯片放映""审阅""视图"和"帮助"。每个选项卡中包含多个选项组，相同类别的命令按钮通常集中在同一个选项组中。

在幻灯片中插入图片、图形、表格或图表后，功能区中会显示一个相应的动态选项卡，如"图片工具-格式"选项卡、"绘图工具-格式"选项卡等。这些选项卡只有在选中图片、图形或表格时才会显示，如图2-10所示。

图 2-10

3. 导航窗格

导航窗格位于功能区的下方，操作区左侧。它以预览图的形式显示PPT中的所有幻灯片。选中预览区中的一张幻灯片时，该幻灯片即被显示在操作区中。

导航窗格区域是可以调整的。将鼠标指针放置在窗格右侧分割线上，当鼠标指针为双箭头时，按住鼠标左键，拖曳分割线至合适位置，放开鼠标即可，如图2-11所示。

4. 操作区

操作区位于整个页面的中心位置，也是PPT最主要的制作区域。在该区域可以向幻灯片中输入文字、插入图片、绘制图形等。

单击操作区域中的任意位置，按住Ctrl键并结合鼠标滚轮可进行自由缩放操作，

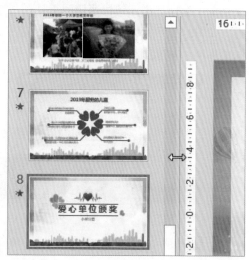

图 2-11

向上滚动为放大显示，向下滚动则为缩小显示。图2-12是缩小的页面，图2-13是放大的页面。

图 2-12

图 2-13

5. 备注区

备注区位于操作区下方，状态栏上方。用户可以在该区域中输入当前页面的备注内容。在放映PPT时，观众不会看到备注内容，只有放映者才能看到。

6. 状态栏

状态栏位于页面的最下方，从左至右依次显示幻灯片当前显示页码和总页数、拼写检索按钮、语言、"备注"按钮、"批注"按钮、视图按钮、幻灯片放映按钮、视图缩放栏等。

扫码看视频

动手练 自定义PowerPoint操作界面

用户可以根据自己的使用习惯来定义PowerPoint的界面显示内容。下面将举例介绍具体设置方法。

Step 01 在"开始"选项卡的"绘图"选项组中，右击"排列"按钮，在弹出的快捷菜单中选择"添加到快速访问工具栏"选项，"排列"按钮即会添加至快速访问工具栏，如图2-14所示。按照同样的方法，将"形状"按钮、"动画窗格"按钮添加到快速访问工具栏，如图2-15所示。

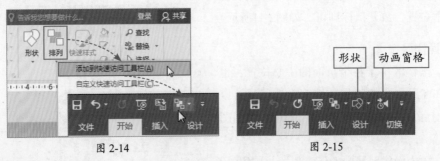

图 2-14   图 2-15

注意事项 在"动画"选项卡的"高级动画"选项组中可选择"动画窗格"按钮。

PPT办公应用标准教程——设计、制作、演示（全彩微课版）

Step 02 单击标题栏右侧的"功能区显示选项"按钮，在打开的下拉列表中，选择"显示选项卡"选项，此时系统仅显示各选项卡，而隐藏各选项组及操作命令，从而扩大操作区，如图2-16所示。

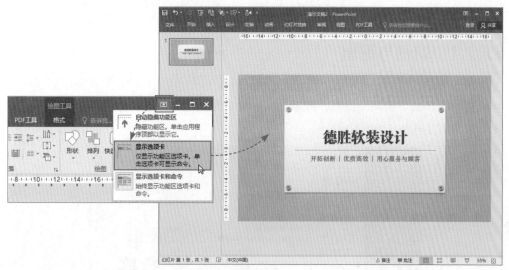

图 2-16

Step 03 将光标放置到导航窗格的分割线上，当光标为时，使用拖曳的方法，将分割线向左移动，直至隐藏该窗格，如图2-17所示。

图 2-17

P 2.2 PowerPoint的基本操作

PowerPoint的基本操作包括启动与退出、PPT的新建与保存、PPT的查看方式以及文件保护等。下面将分别对这些操作进行简单介绍。

2.2.1 启动与退出

启动与退出PowerPoint很简单，双击其应用程序图标即可启动；启动程序后，单击标题栏右上角的"关闭"按钮，或者单击"文件"选项卡，在打开的界面中选择"关闭"选项即可退出，如图2-18所示。

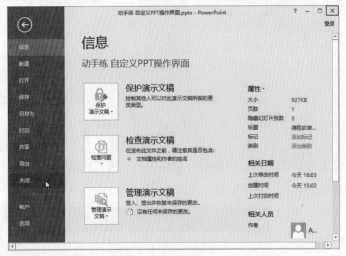

图 2-18

2.2.2 新建与保存PPT

启动PowerPoint软件后，系统会进入主题模板界面，单击"空白演示文稿"选项，即可新建一张空白的幻灯片，如图2-19所示，此时标题栏中显示"演示文稿1"。

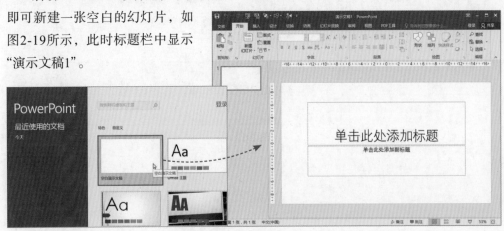

图 2-19

如果选择其他主题模板选项，那么系统随即新建一张带版式的幻灯片，其具体操作为：在主题模板界面中单击目标主题模板，在打开的预览窗口中单击"创建"按钮，系统会下载并打开该模板，如图2-20、图2-21所示。

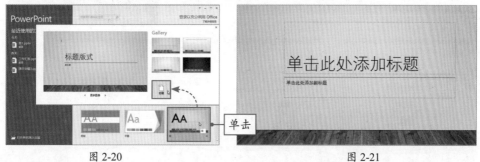

图 2-20   图 2-21

在制作PPT过程中，用户需要随时进行保存操作，以避免突然断电或死机造成文件丢失。首次保存时，只需单击快速访问工具栏中的"保存"按钮🖫，或按Ctrl+S组合键，打开"另存为"界面，单击"浏览"按钮，打开"另存为"对话框，在此设置好保存路径及文件名称，单击"保存"按钮即可完成保存操作，如图2-22所示。

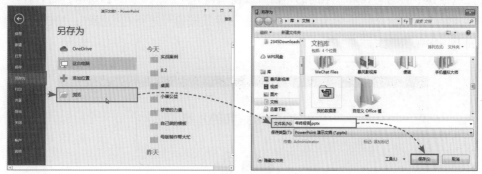

图 2-22

保存完成后，等下一次再保存时，再次按Ctrl+S组合键即可实时保存，此时系统会自动覆盖上一次的保存内容。

> **注意事项** 如果想保留原文稿内容，将修改后的内容以新名称进行保存，就需使用"另存为"命令进行操作。切换到"文件"选项卡，选择"另存为"选项，打开"另存为"对话框，在"文件名称"文本框中重新命名即可。

2.2.3 PPT的查看模式

PPT有四种查看模式，分别为普通视图、幻灯片浏览、阅读视图和幻灯片放映视图。其中普通视图为默认视图模式。幻灯片浏览视图是将所有幻灯片以缩略图的形式来展示，如图2-23所示。在状态栏中单击"幻灯片浏览"按钮即可切换到该模式。

图 2-23

阅读视图模式与幻灯片放映视图模式大致相同，都是以放映方式展示当前幻灯片内容，包括其中的动画效果，不同的是前者以窗口模式显示，如图2-24所示，而后者以全屏模式显示。在状态栏中分别单击相应的视图模式按钮可进行切换操作，按Esc键可恢复到上一次视图模式。

图 2-24

知识点拨

在功能区中也可以切换视图模式，单击"视图"选项卡，在"演示文稿视图"选项组中单击相应的视图按钮即可。还可以切换到"大纲视图"和"备注页"模式，这两种模式不常用，此处不再赘述。

2.2.4　保护PPT

要想自己制作的PPT不被他人篡改，那么可以对该PPT文档进行加密，具体方法是，切换到"文件"选项卡，在"信息"界面中单击"保护演示文稿"下拉按钮，选择"用密码进行加密"选项；在"加密文档"对话框中输入密码，单击"确定"按钮；然后在"确认密码"对话框中再次输入相同的密码，单击"确定"按钮即可，如图2-25所示。

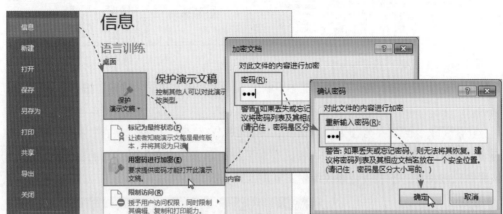

图 2-25

这里需要说明一下，加密设置完成后，需要将该文稿进行保存并关闭。当再次启动该文稿后，系统会打开"密码"对话框，此时只有输入正确的密码才可以打开文档，如图2-26所示。

图 2-26

知识点拨

想要取消密码保护，按照前述操作打开"加密文档"对话框，删除密码，单击"确定"按钮，保存文档即可。

动手练 为数学课件设置编辑限制

要想将文稿设置为他人可以打开浏览，但无法对其内容进行修改编辑，该如何操作呢？下面以数学课件为例介绍具体操作。

Step 01 打开数学课件素材，切换到"文件"选项卡，选择"另存为"选项，打开"另存为"对话框，单击"工具"下拉按钮，选择"常规选项"，如图2-27所示。

Step 02 打开"常规选项"对话框，在"修改权限密码"文本框中输入密码（如123），单击"确定"按钮，如图2-28所示。

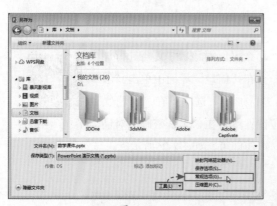

图 2-27   图 2-28

Step 03 在"确认密码"对话框中重新输入一次密码，单击"确定"按钮，如图2-29所示。

Step 04 返回到"另存为"对话框，设置好保存位置，单击"保存"按钮。当再次打开该课件时，系统同样会打开"密码"对话框，单击"只读"按钮可打开课件。此时该课件只能浏览，不能进行修改编辑，如图2-30所示。

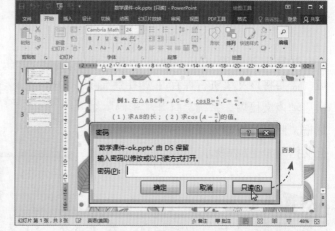

图 2-29   图 2-30

注意事项 使用该方法对文稿进行保护后，如果想要取消权限密码，只需再次打开"常规选项"对话框，删除设置的权限密码，单击"确定"按钮，保存文档即可，其步骤与取消加密保护操作类似。

2.3 幻灯片的基本操作

制作PPT的大部分操作都是在幻灯片中进行的，例如选择幻灯片、新建幻灯片、复制幻灯片、删除幻灯片、设置幻灯片页面的大小等。下面分别对这些基本操作进行简单介绍。

▌2.3.1 选择幻灯片

在对幻灯片进行操作时，首先需要选择幻灯片。在导航窗格中单击预览图即可选中幻灯片，被选中的幻灯片会正常显示在操作区中，如图2-31所示。

图 2-31

如果要批量选择部分连续的幻灯片，可先选择第一张幻灯片，然后按住Shift键，再选择最后一张幻灯片即可。此时两张幻灯片之间的所有幻灯片都会被选中，如图2-32所示。

要想选择某几张不连续的幻灯片，按住Ctrl键逐个单击所需幻灯片即可，如图2-33所示。使用Ctrl+A组合键可全选所有幻灯片，如图2-34所示。

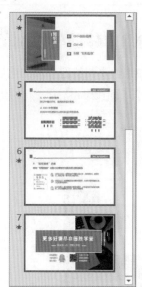

图 2-32　　　　　　　　　图 2-33　　　　　　　　　图 2-34

▌2.3.2 插入幻灯片

默认情况下，创建新的空白文稿后，系统只会显示一张空白幻灯片。如果需要插入新的幻灯片，可先选择一张幻灯片，然后在"开始"

选项卡的"幻灯片"选项组中单击"新建幻灯片"下拉按钮，在打开的列表中选择一种满意的版式，被选幻灯片下方就会插入一张新版式的幻灯片，如图2-35所示。

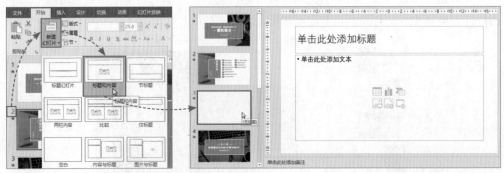

图 2-35

以上方法适用于新建不同版式的幻灯片。如果用户只想插入相同版式的幻灯片，那么只需选中所需版式的幻灯片，按Enter键即可。

知识点拨

一个PPT文件中可包含多个版式，封面页、目录页、结尾页的版式一般各有一个，而内容页的版式可以有多个，例如"标题和内容""仅标题""空白""两栏内容""图片与标题"等。用户可以根据内容的需要来选用这些版式。

▌2.3.3 移动与复制幻灯片

如果需要调整幻灯片的前后顺序，可选中幻灯片，将其拖至目标位置即可，如图2-36所示。此时用户会发现原幻灯片编号将重新编排。

扫码看视频

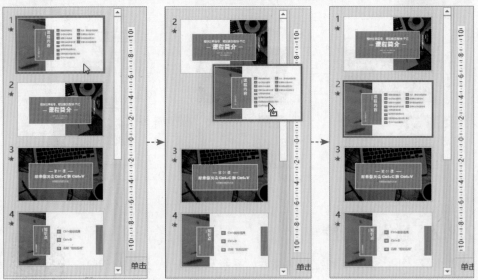

图 2-36

复制幻灯片的方法是，选中幻灯片，按Ctrl+C组合键进行复制，然后在目标位置的上一张幻灯片处单击，再按Ctrl+V组合键粘贴即可。

2.3.4　隐藏幻灯片

在放映幻灯片时，如果不想将某些内容放映出来，可以将其隐藏。具体方法是，在导航窗格中右击要隐藏的幻灯片，在快捷菜单中选择"隐藏幻灯片"选项，此时，该幻灯片编号上会显示"\"图样，并以模糊的方式显示隐藏的幻灯片的预览图，如图2-37所示。

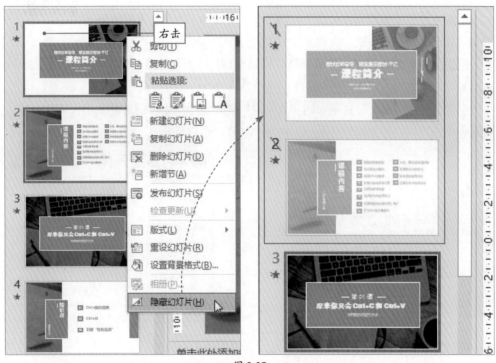

图 2-37

要想取消幻灯片的隐藏，可右击隐藏的幻灯片预览图，在弹出的快捷菜单中再次选择"隐藏幻灯片"选项即可。要想完全清除多余的幻灯片，可选中幻灯片，按Delete键删除。

2.3.5　调整幻灯片大小

新建的空白演示文稿，其幻灯片大小默认为宽屏（16∶9）的尺寸。有时为了配合场地的放映条件及要求，需要对默认的尺寸进行调整。具体方法是，单击"设计"选项卡，在"自定义"选项组中单击"幻灯片大小"下拉按钮，从列表中选择"自定义幻灯片大小"选项；在"幻灯片大小"对话框中，设定好页面的宽度和高度，单击"确定"按钮；在新打开的对话框中，单击"确保适合"按钮，如图2-38所示。

图 2-38

动手练 **创建适用于手机端PPT的页面尺寸**

扫码看视频

下面以设置手机端页面尺寸（7.2厘米×12.8厘米）为例，来具体介绍幻灯片尺寸的设置方法。

Step 01 新建一个空白演示文稿。可以看到当前页面16∶9的宽屏尺寸，如图2-39所示。

Step 02 在"设计"选项卡的"自定义"选项组中单击"幻灯片大小"下拉按钮，从列表中选择"自定义幻灯片大小"选项，打开"幻灯片大小"对话框，如图2-40所示。

图 2-39 图 2-40

Step 03 将"宽度"设为7.201厘米，"高度"设为12.801厘米。然后在"方向"选项组中，单击"纵向"单选按钮，单击"确定"按钮；在出现的系统提示对话框中，单击"确保适合"按钮。设置完成后，当前幻灯片尺寸即发生了相应的变化，如图2-41所示。

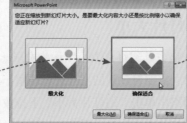

图 2-41

PPT办公应用标准教程——设计、制作、演示（全彩微课版）

案例实战：调整演示文稿内容的顺序

在网上下载模板后，通常需要对模板的内容进行一些删减，或者调整内容的前后顺序，从而更好地展示重点内容。

Step 01 打开本章配套的素材文件。可以看到当前模板的内容比较混乱，里面还有不少空白幻灯片，如图2-42所示。

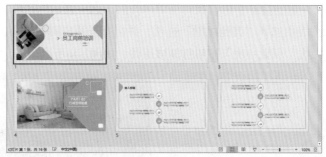

图 2-42

Step 02 在状态栏中单击"幻灯片浏览"视图按钮，切换视图模式。按Ctrl键依次单击选中所有空白幻灯片，按Delete键删除，如图2-43所示。

Step 03 选中排在最后的目录页，将其移至封面页后方空白处即可调整位置，如图2-44所示。

图 2-43

图 2-44

Step 04 选择第8张幻灯片，再按住Shift键选择第11张幻灯片，此时第8、9、10、11张幻灯片全部选中。使用鼠标拖曳的方法，将其移动至第2张幻灯片之后，如图2-45所示。至此岗前培训模板幻灯片顺序调整完毕。

图 2-45

手机办公：删除多余的幻灯片

别人发来的PPT，在手机上查看后，若要对其幻灯片进行删减，该如何操作呢？下面将以删除培训课件空白页为例来介绍具体操作方法。

Step 01 手机接收到培训课件后，选中该课件，单击左上角"…"按钮，在打开的列表中选择"其他应用"选项，并在打开的应用列表中选择"Microsoft Office"选项，单击"仅此一次"按钮打开该课件，如图2-46所示。

图 2-46

Step 02 进入课件浏览界面后，单击右上角"⋮"按钮，在打开的列表中，选择"另存为"选项，如图2-47所示。

Step 03 打开"另存为"界面后，设置好保存的路径，单击"保存"按钮，如图2-48所示。

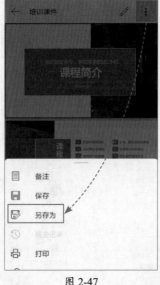
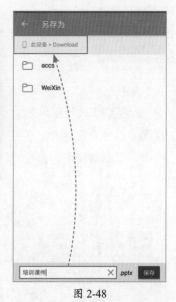

图 2-47   图 2-48

Step 04 保存完成后，返回课件浏览界面，双击任意一张幻灯片，系统随即跳转到编辑模式。滑动界面下方的幻灯片缩略图，单击要删除的空白页，在打开的工具栏中单击"删除"选项，如图2-49所示。

Step 05 继续删除其余空白幻灯片。完成后，单击编辑界面左上方"√"按钮，退出编辑模式，返回到幻灯片浏览模式，如图2-50所示。

图 2-49

图 2-50

Step 06 再次单击界面右上角"："按钮，在打开的列表中选择"保存"选项，即可覆盖原文稿，如图2-51所示。至此，该课件的空白幻灯片全部删除完毕。

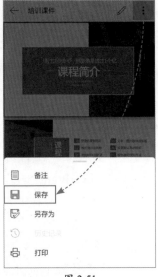

图 2-51

注意事项 手机接收到PPT，并利用Office软件打开后，该PPT为只读模式，不能对该PPT进行任何编辑操作，只有将其保存到手机里，方可进行编辑。

通过对本章内容的学习，相信大家对PowerPoint的基本操作有了一定的了解。下面将针对工作中一些常见的疑难问题进行解答，以便巩固所学的知识。

1. Q: 页面中的标尺如何显示？

A: 在"视图"选项卡的"显示"选项组中勾选"标尺"复选框，即可显示标尺，如图2-53所示。取消勾选该选项则隐藏标尺。

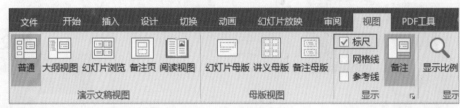

图 2-53

2. Q: 我想隐藏备注栏，该怎么操作？

A: 备注栏默认是显示的，如果想要将其隐藏，可以在"视图"选项卡的"显示"选项组中单击"备注"按钮，关闭该功能即可。

3. Q: 在幻灯片浏览视图模式中，可以对幻灯片的内容进行编辑吗？

A: 不可以的。在幻灯片浏览视图模式下用户可以新建幻灯片，可以对幻灯片的前后顺序进行调整，但不可以对其内容进行编辑。该视图模式主要用来管理各幻灯片之间的衔接情况。

4. Q: 为什么我的选项卡和别人的不一样？

A: 默认情况下，功能区中的选项卡就是前文介绍的那10个。如果想要显示其他选项卡，可以在"文件"选项卡中选择"选项"，在打开的"PowerPoint选项"对话框中，选择"自定义功能区"选项，在"常用命令"列表中选择要添加的功能，单击"添加"按钮，将其添加至"主选项卡"列表中即可，如图2-54所示。

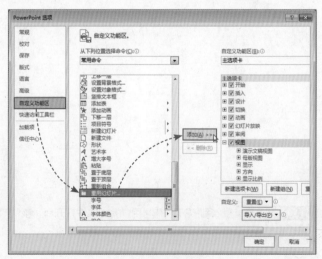

图 2-54

第3章
PPT版式布局设计

版式是PPT的框架结构，结构搭建好了，PPT的设计才能有好的基础。搭建得不好，效果也会随之降低。本章主要讲述如何又快又好地设计出好的PPT版式。

3.1 主题功能的使用

在考虑页面版式时，如果用户没有头绪，或者一时拿不定主意，则可利用PowerPoint中的主题功能来解决。下面将对该功能的应用进行简单介绍。

▌3.1.1 创建主题PPT

创建主题PPT有两种方法，一种是新建PPT时，在打开的模板界面中选择所需的主题并下载，如图3-1所示。另一种是在"设计"选项卡的"主题"选项组中单击"其他"下拉按钮，从列表中选择主题，如图3-2所示。

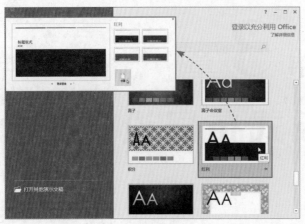

图 3-1

图 3-2

无论选择哪种方法，都可以快速创建相应的主题幻灯片，如图3-3所示。单击"新建幻灯片"下拉按钮，在打开的列表中可以选择与当前主题版式相关的幻灯片，如图3-4所示。

图 3-3

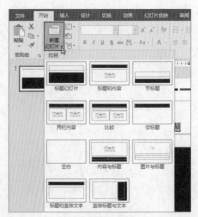

图 3-4

PPT主题由布局样式、页面配色和文字字体三大元素组成。利用主题可以快速美化页面，形成统一的风格。

3.1.2 修改主题样式

如果对默认的主题样式不满意，用户可以对其进行修改。在"设计"选项卡的"变体"选项组中单击"其他"下拉按钮，从其列表中可以对"颜色""字体""效果"以及"背景样式"这四项内容进行修改，如图3-5所示。

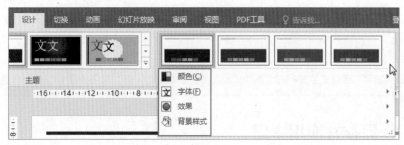

图 3-5

● 选择"颜色"选项，在打开的级联菜单中选择一种颜色配色方案，即可更改当前主题颜色，如图3-6所示。

● 选择"字体"选项，在其级联菜单中选择一种字体，即可更改当前主题的字体，如图3-7所示。

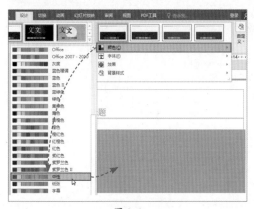

图 3-6

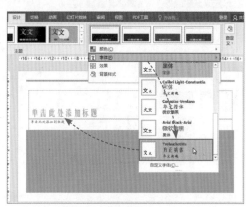

图 3-7

● 选择"背景样式"选项，在其级联菜单中可以对当前主题的背景进行更改，如图3-8所示。若在其列表中选择"设置背景格式"选项，则在打开的窗格中可以对背景样式进行自定义设置操作，如图3-9所示。

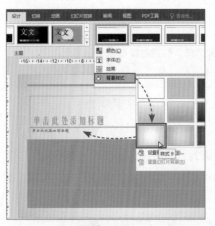

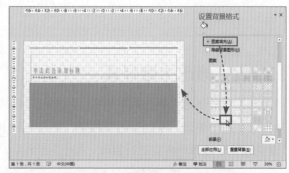

图 3-8   图 3-9

主题"效果"选项主要是针对页面中的图形效果进行更改。该选项不常用，这里不作赘述。

▌3.1.3　保存并应用主题

主题修改完成后，用户可以对修改后的主题样式进行保存。具体方法是，在"设计"选项卡的"主题"选项组中单击"其他"下拉按钮，在打开的列表中选择"保存当前主题"选项；然后在打开的对话框中设置保存的位置与文件名，单击"保存"按钮，保存当前主题，如图3-10所示。

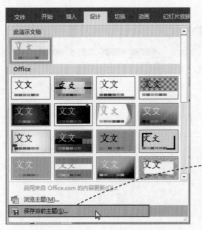

图 3-10

主题保存好后，当下次想再调用时，直接在"主题"列表中选择"浏览主题"选项；在打开的"选择主题或主题文档"对话框中选择自定义的主题，单击"应用"按钮即可，如图3-11所示。

图 3-11

动手练 自定义主题样式

扫码看视频

下面举例讲解主题样式的更改与保存。

Step 01 新建"柏林"主题文稿，如图3-12所示。

图 3-12

Step 02 在"设计"选项卡的"变体"选项组中单击"其他"按钮，在打开的列表中，选择"颜色"选项并在打开的级联菜单中选择一种颜色配色方案，这里选择"橙红色"，如图3-13所示。

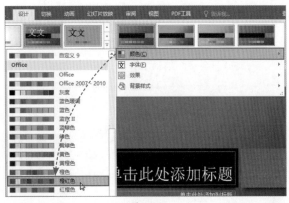

图 3-13

Step 03 在"其他"列表中，选择"字体"选项，并在其级联菜单中选择满意的字体，这里选择"幼圆"，如图3-14所示。

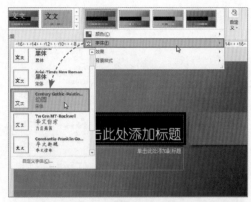

图 3-14

Step 04 在"设计"选项卡的"主题"选项组中单击"其他"按钮，在打开的列表中选择"保存当前主题"选项，如图3-15所示。

图 3-15

Step 05 在打开的"保存当前主题"对话框中，设置好文件名，单击"保存"按钮，保存设置的主题，如图3-16所示。主题样式设置完成。

图 3-16

3.2 PPT背景的设计

幻灯片背景设计的好坏，会直接影响整体版式效果。可以说PPT背景是统一PPT风格的关键所在。下面对背景功能的应用进行讲解。

3.2.1 PPT背景的几种类型

PPT背景可大致分为纯色、渐变色、图片和纹理四种类型。用户可以根据PPT的内容以及风格来选用。

1.纯色背景

纯色背景的PPT最为常见，这种背景可使PPT看上去干净、整洁。纯色背景分为两类：一类是黑白灰背景，这类背景属于百搭款，易配色，如图3-17所示；而另一类是彩色背景，这类背景可快速活跃页面气氛，丰富页面内容，如图3-18所示。但在使用时一定要降低颜色的鲜艳程度。因为颜色越鲜艳，就越抢眼。使用过于鲜艳的颜色做背景会埋没主题内容。此外，鲜艳的颜色会刺激人眼，不适合长时间观看。

图 3-17　　　　　　　　　　　　　　　图 3-18

2.渐变色背景

渐变背景能给人带来很强的节奏感和审美情趣。它可以考验设计者对颜色的把控程度。把控得好，PPT看上去就很高级；反之就会十分低劣。这里需要提醒的是，在使用渐变背景时，不要使用太多色系的颜色，一二个色系最佳，如图3-19所示。

图 3-19

3. 图片背景

以图片作背景的PPT比较常见，它是提升PPT品质的一种快捷方法，如图3-20所示。由于图片给人的冲击力很强，能够一下子抓住观众的眼球，所以在没有设计想法时，可以试着利用图片来创作。需要注意的是，图片的分辨率一定要高，并且图片的内容要与PPT主题相符。

图 3-20

4. 纹理背景

如果认为纯色背景比较单调，可以尝试使用纹理背景。纹理背景种类比较多，如图标背景、多边形背景、磨砂背景等，如图3-21所示。用纹理做背景，可以丰富画面的层次，使效果更立体真实。

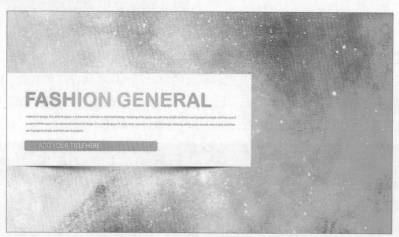

图 3-21

3.2.2　设置背景格式

用户可以根据需要对PPT的背景进行设置。具体方法是，在"设计"选项卡的"自

定义"选项组中单击"设置背景格式"按钮，打开同名窗格，在此选择相应的填充方式
进行操作，如图3-22所示。

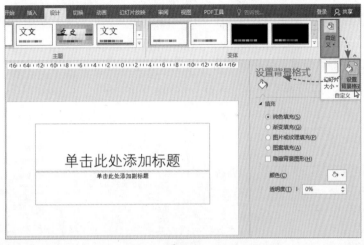

图 3-22

单击"纯色填充"单选按钮，然后单击"颜色"下拉按钮，从列表中选择需要的颜
色，可为页面填充背景色，如图3-23所示；单击"渐变填充"单选按钮，在展开的列表
中，可对"渐变光圈""颜色""方向"进行设置，如图3-24所示；单击"图案填充"单
选按钮，在"图案"列表中选择所需图案，即可为页面填充图案背景，如图3-25所示。

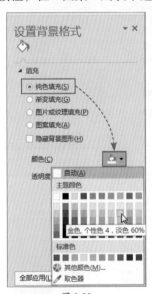
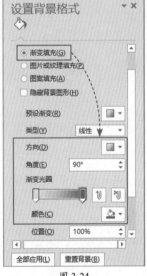
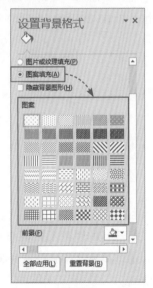

图 3-23   图 3-24   图 3-25

知识点拨

　　要想为背景填充纹理效果，可在"设置背景格式"窗格中单击"图片或纹理填充"单选按钮，
在其下方列表中单击"纹理"下拉按钮，从列表中选择一种满意的纹理图即可。

动手练 为封面幻灯片设置图片背景

下面将以教学课件封面背景为例,介绍图片背景的设置操作。

Step 01 打开本书附赠的素材文件,可以看到当前页面形式比较单调,如图3-26所示。

Step 02 为了能够活跃页面,丰富内容,可更换其背景。打开"设置背景格式"窗格,单击"图片或纹理填充"单选按钮,在打开的列表中单击"文件"按钮,如图3-27所示。

图 3-26

图 3-27

Step 03 在"插入图片"对话框中选择所需的图片,单击"插入"按钮,如图3-28所示。

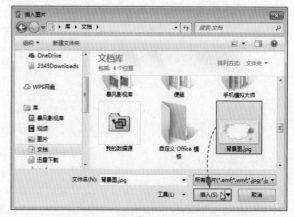

图 3-28

Step 04 此时该页面背景已更换成所选择的图片了,如图3-29所示。适当调整文字的位置以便与背景协调。

图 3-29

PPT办公应用标准教程——设计、制作、演示(全彩微课版)

3.3 使用PPT版式

PPT的版式有多种，用户可以直接套用内置版式或母板。当然也可以根据内容需要来自定义版式。下面对版式的应用进行介绍。

3.3.1 PPT内置版式

在制作PPT过程中，如果对当前版式不满意，可以在"开始"选项卡的"幻灯片"选项组中单击"版式"下拉按钮，从列表中选择新的版式即可将其应用于当前页面，如图3-30所示。

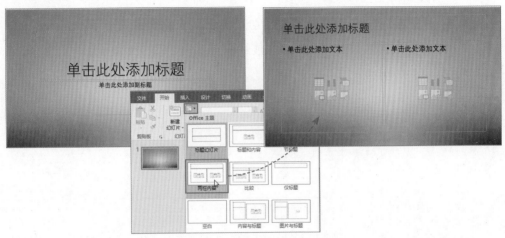

图 3-30

PPT内置的版式共11个，分别为"标题幻灯片""标题和内容""节标题""两栏内容""比较""仅标题""空白""内容与标题""图片与标题""标题和竖排文字"以及"竖排标题与文本"，如图3-31所示。

其中"标题幻灯片"为默认版式，当新建空白演示文稿时，系统就会自动应用该版式。"标题幻灯片"适用于制作PPT的封面页，而其他版式则适用于制作PPT内容页。

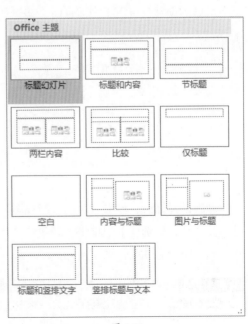

图 3-31

如果用户对内置的版式不满意，可以对其进行修改，这时就要用到母版功能了。母版中包含可以出现在每一张幻灯片上的显示元素。使用幻灯片母版可以统一幻灯片风格，使其具有统一的外观。

在"视图"选项卡中单击"幻灯片母版"选项，切换到母版视图界面。在左侧的导航栏中，第1张幻灯片为母版页，第2张至最后一张幻灯片为版式页，如图3-32所示。

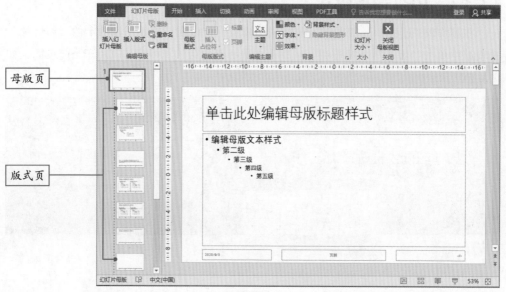

图 3-32

在母版页进行的设置，其效果会被应用于所有版式页中，如图3-33所示。而在版式页中所做的设置仅应用于当前页面，其他页面均不受影响，如图3-34所示。

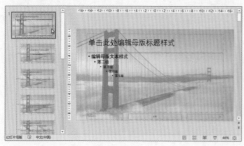

图 3-33

图 3-34

母版设置好后，单击"关闭母版视图"按钮返回到普通视图界面。要应用母版版式时，在"开始"选项卡中单击"新建幻灯片"下拉按钮，从列表中选择所设置的母版版式即可，如图3-35所示。

注意事项 母版页中所做的设置，在版式页面中是无法编辑的，只能在母版页中修改。同理，母版版式设置好后，在普通视图界面中无法对其进行二次编辑，只有再次进入母版视图界面才可以。

图 3-35

3.3.2 自定义PPT版式

如果觉得PowerPoint自带的版式过时了，想PPT版式有一些新意，可以自己来制作。

1. 常见的版式布局

PPT版式的设计原则是将页面中的文字、图片、图表等内容分别合理排放，看起来清爽、舒服就行。在日常工作中，常见的版式有四类，分别为左右型版式、上下型版式、居中型版式以及全图型版式。

（1）左右型版式。

左右型版式就是将页面分成左右两个部分，左边放图片，右边放文字；或者左边放文字，右边放图片。这类版式比较适用于制作目录幻灯片或产品介绍类幻灯片，如图3-36所示。

 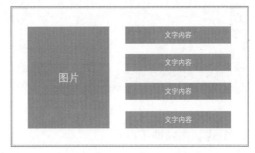

图 3-36

（2）上下型版式。

上下型版式就是将页面分为上、下两个部分。通常上方为标题，下方为图片或文字内容。反之，上图下文也是可以的，如图3-37所示。

51

图 3-37

（3）居中型版式。

居中型版式就是将主体内容居中显示在页面中。这类版式常用于突出主题内容，是发布会PPT的常用版式，如图3-38所示。

图 3-38

（4）全图型版式。

全图型版式比较常用，它是利用高清图片作为页面背景，再为其添加文案内容，使画面更有场景感，吸引观众的注意力，如图3-39所示。

图 3-39

2. 版式制作辅助工具

在进行页面排版时，多多少少需要使用一些工具来辅助，如对齐工具、参考线工具、组合工具等。下面将分别对这三种常用排版工具进行简单介绍。

（1）对齐工具。

利用对齐工具可以快速调整页面元素的位置，提高排版效率。具体方法是，全选要对齐的图形，在"绘图工具-格式"选项卡的"排列"选项组中单击"对齐对象"下拉按钮，从列表中选择需要的对齐选项，如图3-40所示。

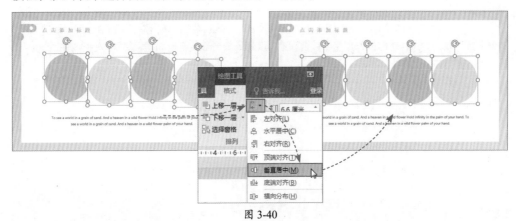

图 3-40

（2）参考线。

利用参考线可以有效定位页面中的各个元素。参考线只在编辑状态下显示，放映幻灯片时将会隐藏。默认情况下，参考线功能是关闭状态，想要调出参考线，只需在"视图"选项卡的"显示"选项组中勾选"参考线"复选框，此时页面正中会出现两条相互垂直的参考线，如图3-41所示。

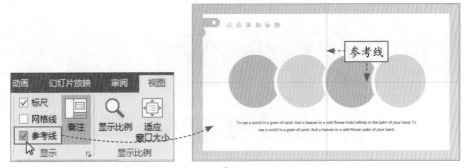

图 3-41

将鼠标指针放置在参考线上方，指针为⊞形时按住鼠标左键将参考线拖至合适位置后即可移动，如图3-42所示。如果要复制参考线，只需按住Ctrl键再拖曳即可，如图3-43所示。

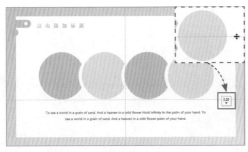

图 3-42

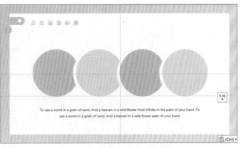

图 3-43

知识点拨

在PowerPoint 2016以上的版本中，没有开启参考线功能的情况下，系统会自动开启"智能参考线"功能。这种功能的作用是，只要移动某图形，参考线就会自动搜索其周边图形，并给出相应的间距提示，如图3-44所示。

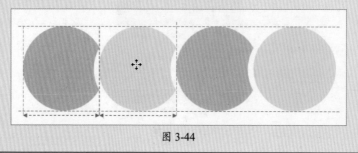

图 3-44

（3）组合工具。

组合工具是将多个单独的图形组合在一起，以实现快速的移动或复制操作。选中要组合的所有图形，在"绘图工具-格式"选项卡中单击"组合"下拉按钮，选择"组合"选项，如图3-45所示。

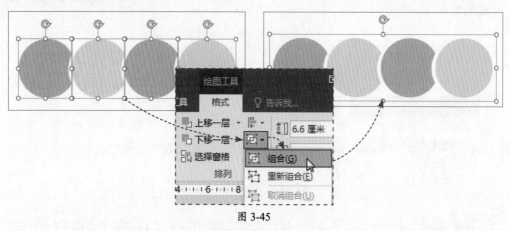

图 3-45

需要说明的是，图形组合后，用户还是可以对其中某个图形进行单独修改，例如更改形状、颜色等，如图3-46所示，而组合中的其他图形均不受影响。

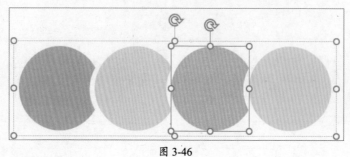

图 3-46

动手练 制作简历封面页版式

下面将以制作简历封面版式为例，介绍母版的具体应用。

Step 01 打开本书附赠的素材文件，可以看到只有一个内容页版式，而且页面中所有的图片及图形都无法选中，如图3-47所示。

Step 02 选择"视图"选项卡，单击"幻灯片母版"按钮，进入母版视图界面，选中第2张版式页，如图3-48所示。

图 3-47　　　　　　　　　　　　　　图 3-48

Step 03 在"幻灯片母版"选项卡的"背景"选项组中勾选"隐藏背景图形"复选框，隐藏当前页面的背景图形，如图3-49所示。

图 3-49

Step 04 单击"背景样式"下拉按钮，从下拉列表中选择"设置背景格式"选项，打开相应的设置窗格；单击"图片或纹理填充"单选按钮，单击"文件"按钮，在打开的"插入图片"对话框中，选择封面背景图片，将其填充为背景，结果如图3-50所示。

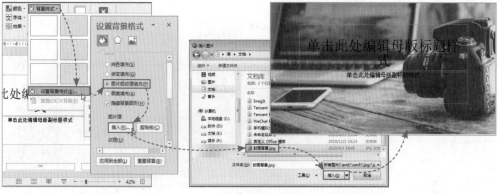

图 3-50

Step 05 单击"插入"选项卡的"形状"下拉按钮，从列表中选择矩形，使用拖曳的方法，在页面中绘制矩形，以此作为文字的衬底，如图3-51所示。

图 3-51

Step 06 右击绘制的矩形，在弹出的快捷菜单中选择"设置形状格式"选项，打开相应的设置窗格，如图3-52所示。

图 3-52

Step 07 在设置窗格中单击"颜色"下拉按钮，选择好矩形的填充颜色，单击"无线条"单选按钮，隐藏矩形轮廓。然后将"透明度"设为18，如图3-53所示。

图 3-53

Step 08 在"幻灯片母版"选项卡中，单击"关闭母版视图"按钮，返回普通视图界面，完成简历封面版式的制作，如图3-54所示。

图 3-54

案例实战：制作工作总结目录页

下面以制作工作总结目录页为例，总结和巩固本章介绍的知识点。

Step 01 新建一张空白幻灯片。打开"设置背景格式"窗格，单击"图片或纹理填充"按钮，单击"文件"按钮；在打开的对话框中，选择一张背景图片，将其填充至页面中，结果如图3-55所示。

Step 02 选中页面中的文本框，按Delete键将其删除。在"插入"选项卡中单击"形状"下拉按钮，从列表中选择"矩形"选项，在页面中绘制矩形，如图3-56所示。

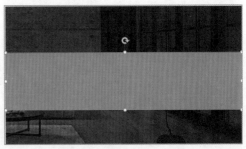

图 3-55　　　　　　　　　　　　　　　　图 3-56

Step 03 右击矩形，在弹出的快捷菜单中选择"设置形状格式"选项，在打开的设置窗格中，将其"颜色"设为灰色，将"透明度"设为44；将"线条"设为"无线条"，如图3-57所示。

Step 04 在"插入"选项卡中单击"文本"组中"文本框"下拉

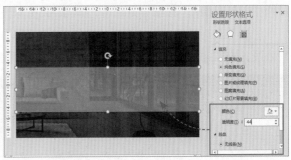

图 3-57

按钮，在列表中选择"横排文本框"选项；使用鼠标拖曳的方法绘制文本框，并在其中输入文字内容，设置好文本的字体、字号和颜色，结果如图3-58所示。

Step 05 按照同样的方法，在该文本框下方再添加一个文本框，并输入文字内容，设置好文字的格式，如图3-59所示。

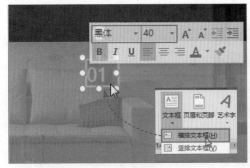

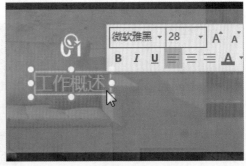

图 3-58　　　　　　　　　　　　　　　　图 3-59

Step 06 单击"形状"下拉按钮，从列表中选择"直线"形状，按住Shift键，在页面中绘制两条直线，如图3-60所示。

Step 07 选中两条直线，在"绘图工具-格式"选项卡中单击"形状轮廓"下拉按钮，从列表中选择白色；然后选择"粗细"选项，在打开的级联菜单中选择"1磅"，如图3-61所示。

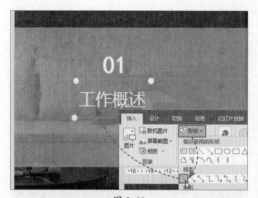

图 3-60

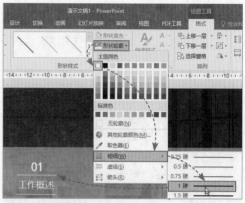

图 3-61

Step 08 按住Ctrl键，选择文本框与直线，在"绘图工具-格式"选项卡的"排列"选项组中单击"组合"按钮将其组合，如图3-62所示。

Step 09 选择组合后的图形，按Ctrl键将其向右拖曳复制，并对复制后的文本内容进行修改，如图3-63所示。利用对齐功能将复制的内容进行"垂直居中"和"横向分布"对齐。

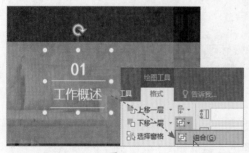

图 3-62

图 3-63

Step 10 利用"矩形"和"文本框"功能，输入"目录"标题内容，并设置好矩形的颜色和位置，以及文字的字体、字号和颜色，如图3-64所示。

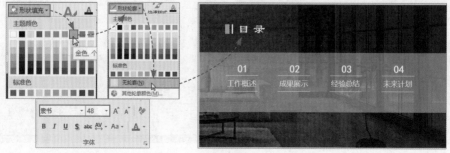

图 3-64

手机办公：在手机端PowerPoint中更换PPT内置版式

如果想要在手机端的PowerPoint中调整页面版式，怎么操作呢？很简单，手机端的PowerPoint也自带内置版式。下面将介绍具体操作方法。

Step 01 启动手机端Office软件，进入主页面，单击"+"按钮，选择"文档"选项，在文档页面中选择"从模板创建"选项，选择满意的主题模板，如图3-65所示。

Step 02 在创建的主题模板中单击下方工具栏的 回 图标，在打开的版式列表中选择满意的版式选项，如"两栏内容"选项，如图3-66所示。

Step 03 此时当前页面版式已发生了相应的变化，如图3-67所示。

图 3-65

图 3-66

图 3-67

Step 04 用户还可以单击工具栏右侧三角形按钮，在打开的列表中选择"版式"选项，如图3-68所示，同样也会打开版式列表供选择版式之用。

图 3-68

通过对本章内容的学习，相信大家对页面版式有了大致的了解。下面针对工作中一些常见的疑难问题进行讲解，以便巩固所学的知识内容。

1. Q: 如何取消内置主题的应用?

A: 要想取消PPT主题的应用，只需在"设计"选项卡的"主题"选项组中单击"其他"按钮，在其列表中选择"Office主题"选项即可，如图3-69所示。

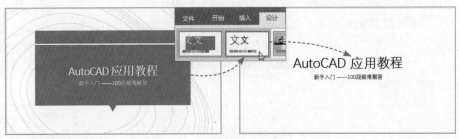

图 3-69

2. Q: 占位符是什么?

A: 简单地说，占位符就是用来占位的。PPT中的占位符种类有很多，如文字占位符、图片占位符、图表占位符、表格占位符等，如图3-70所示。由于占位符使用起来比较烦琐，而且效果不太好，所以现在很少有人会使用占位符来设置版式了。

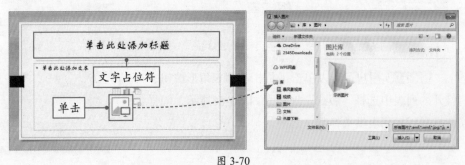

图 3-70

3. Q: 如何在幻灯片中批量添加水印?

A: 先切换到幻灯片母版视图界面，然后选中第1张母版页，在该页面中插入水印内容，关闭母版视图，返回到普通视图界面。此时就可以看到所有幻灯片中均已加入水印内容。

第4章
字体的设计与应用

　　第3章介绍了PPT版式的应用，版式是由各项元素组合而成的，字体就是其中一项。很多人在做PPT时，从头到尾只使用默认字体，这样的PPT肯定不会出彩。那么怎样运用字体才能制作出好的PPT呢？本章将介绍字体的选用、设计与应用。

在宣传海报、广告招贴等这类平面设计作品中，字体都是根据设计风格来设定。PPT也不例外，下面就来简单介绍一下字体的选择与应用。

4.1.1 选择恰当的字体

每种字体都有自己的性格特征，例如黑体给人沉稳、踏实的感觉，所以一般用于商务办公类PPT，如图4-1所示；宋体给人纤细、温文尔雅的感觉，所以常用于古风或女性产品类PPT，如图4-2所示。

图 4-1

图 4-2

当然，归属于黑体的字体有很多，例如方正黑体系列、汉仪黑体系列等。黑体比较醒目，字体简约大方，很有设计感，在PPT中常被用于封面标题。

归属于宋体的字体也不少，这类字体比较容易识别，易读性比较高，用来作为阅读型PPT正文字体是最合适的；但对于演讲型PPT来说，宋体会导致远处的观众看不清，这时最好选用黑体。

▌4.1.2　字体的安装

默认情况下，系统提供的字体较少，当无法满足设计需求时，用户可自行安装其他字体。具体方法是，打开字体文件夹并选择要安装的字体，按Ctrl+C组合键复制字体文件，如图4-3所示，然后打开C:\Windows\Fonts文件夹，按Ctrl+V组合键粘贴字体文件即可，如图4-4所示。

图 4-3

图 4-4

安装完成后，在PowerPoint中单击"字体"下拉按钮，就可以看到新安装的字体了，如图4-5所示。

图 4-5

用户还可以在资源管理器中右击所需字体，在弹出的快捷菜单中选择"安装"选项，系统将会自动将其安装在字体库中。

4.1.3　字体的嵌入

当在PPT中使用了非系统内置字体库的字体时，需要对该字体进行嵌入操作。否则，在其他计算机中打开此PPT时，使用了该字体的字就会变形。嵌入字体的方法是，单击"文件"选项卡，选择"选项"，在"PowerPoint选项"对话框的"保存"界面勾选"将字体嵌入文件"复选框，单击"确定"按钮，如图4-6所示。

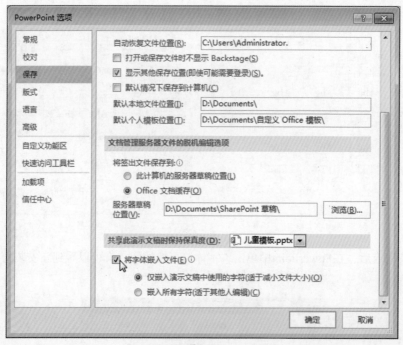

图 4-6

注意事项 这种方法可以保证当前的PPT在其他计算机上播放时，字体能够正常显示，但不能修改。一旦修改很可能又会出现字体变形的情况。

动手练 让字体不变形的方法

嵌入字体操作在一定程度上可以保证字体不变形，但并非万无一失。让字体不变形的百试百灵的方法是，将文字转换为图片。下面将举例介绍具体操作。

Step 01 打开本章配套的素材文件，可以看到当前标题字体使用的是"站酷快乐体"，而非系统内置字体库字体，如图4-7所示。

扫码看视频

图 4-7

Step 02 选中标题文本框，按Ctrl+C组合键复制，然后右击页面任意处，在弹出的快捷菜单中选择"粘贴选项"下的"图片"按钮，如图4-8所示。

图 4-8

Step 03 此时，标题会以图片的形式显示在页面中，删除原标题，调整好图片的位置即可，如图4-9所示。

图 4-9

注意事项 站酷快乐体是可免费商用的字体。用户在选择字体时尽量选择可免费使用的字体，否则会存在版权问题。

在PPT中是无法直接输入文字内容的，它必须借助一个载体。载体类型有很多种，例如文本框、占位符、表格等。下面将介绍在PPT中输入文本的一些基本操作。

4.2.1 输入文本

新建幻灯片后，单击幻灯片中的文字占位符（如"单击此处添加文本"）就可以输入文字内容了。除此之外，还可以在文本框中输入文本，方法是，在"插入"选项卡的"文本"选项组中单击"文本框"下拉按钮，在打开的列表中选择"横排文本框"选项，然后利用鼠标拖曳的方法在页面中绘制出文本框，即可输入文字内容，如图4-10所示。

图 4-10

在日常工作中，常常需要输入一些特殊的符号，例如数学符号、小图标等。这类常用的符号怎么输入呢？很简单，指定好符号的插入点，在"插入"选项卡的"符号"选项组中单击"符号"按钮，在打开的"符号"对话框中选择所需符号，单击"插入"按钮即可，如图4-11所示。

在"符号"对话框中单击"子集"下拉按钮，可以选择符号类型，例如数学运算符、箭头、货币符号、上标和下标等。如果想要输入一些图标字符，则需单击左侧"字体"下拉按钮，从列表中选择"Wingdings""Wingdings 2"或"Wingdings 3"这三个选项，并在相应的列表中选择所需图标字符即可，如图4-12所示。

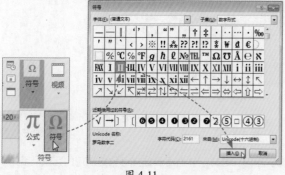
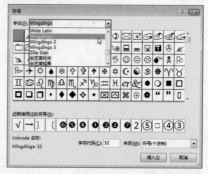

图 4-11   图 4-12

知识点拨

要想在PPT中输入公式，可在"符号"选项组中单击"公式"下拉按钮，从列表中选择内置的公式；也可以选择"插入新公式"选项，进入"公式工具–设计"选项卡界面，根据需要选择各类公式符号。

4.2.2 设置文字格式

自PowerPoint 2016版本之后，默认字体从"宋体"改为了"等线"。该字体属于黑体系列，字形比较细长，适合作为正文字体。而对于标题字体来说，缺了点味道，这时可以在"开始"选项卡的"字体"选项组中单击"字体"下拉按钮，从列表中选择合适的字体，如图4-13所示。

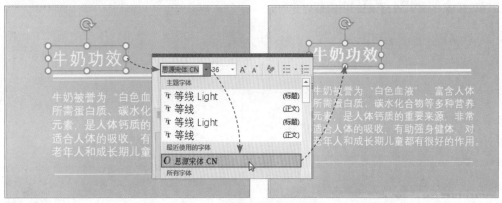

图 4-13

在"字体"选项组中，用户除了对字体进行设置外，还可以对文字的颜色、字形、文字效果等进行设置，如图4-14所示。

图 4-14

单击"字体"选项组右下角的对话框启动按钮，打开"字体"对话框，在此可对文字格式进行详细设置，如图4-15所示。

在"字体"选项组中单击"清除所有格式按钮" ，可一次性清除所有字体格式设置，返回默认状态。

图 4-15

4.2.3 调整字符间距

要对输入的文字间距进行调整，只需在"字体"选项组中单击"字符间距"下拉按钮，从列表中选择所需选项即可，默认为"常规"，如图4-16所示。

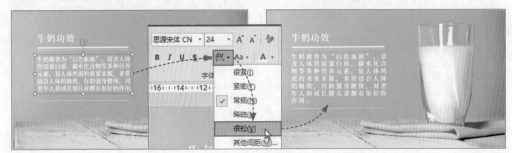

图 4-16

除此之外，用户还可以准确地设置间距值。打开"字体"对话框，切换到"字符间距"选项卡，将"间距"设为"加宽"或"紧缩"，在"度量值"文本框中输入所需数值，单击"确定"按钮即可，如图4-17所示。

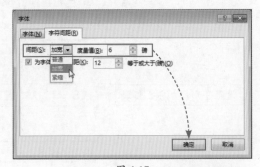

图 4-17

扫码看视频

动手练 调整幻灯片文字格式

下面将以设置封面幻灯片文字格式为例来介绍具体的设置方法。

Step 01 打开本书附赠的素材文件，可以看到当前标题文字大小和颜色都是默认格式，如图4-18所示。

Step 02 选中标题"疫情防护"，在"字体"选项组中将"字体"设为"黑体"，字号设为"80"，单击"加粗"按钮将文字加粗，单击"颜色"下拉按钮，将字体颜色设为蓝色，然后适当调整文字位置，如图4-19所示。

图 4-18

图 4-19

Step 03 在"字体"选项组中单击"字符间距"下拉按钮，从列表中选择"很松"选项，并调整好文本框的宽度，使其在一行显示，如图4-20所示。

Step 04 选中副标题文本框，将"字体"设为"思源宋体 CN"，将"字号"设为"36"，字体颜色设为蓝色，如图4-21所示。

图 4-20

图 4-21

Step 05 单击"字体"选项组右下角的对话框启动按钮，打开"字体"对话框，切换到"字符间距"选项卡，将"间距"设为"加宽"，"度量值"设为6磅，单击"确定"按钮，完成字符间距加宽设置操作。最后调整好文本框的宽度，使其在一行显示，如图4-22所示。

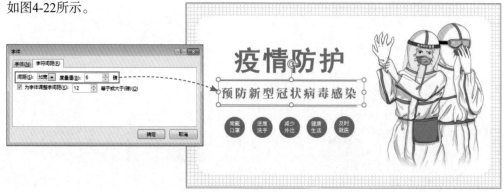

图 4-22

4.3 文字的高级应用

本节将介绍一些文字的高级功能应用，例如制作变形文字、填充文字以及批量替换文字字体等。

4.3.1 文字的变形

在PowerPoint中用户可以根据排版需要对文字进行适当变形，从而丰富页面内容。选中文本框，在"绘图工具-格式"选项卡的"艺术字样式"选项组中，单击"文字效果"下拉按钮，在打开的列表中选中"转换"选项，并在级联菜单中选择变换样式即可，如图4-23所示。

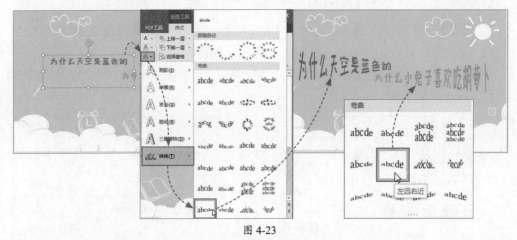

图 4-23

除此之外，用户还可以利用"文字效果"列表中的"三维旋转"选项来设置字体变形效果。在"三维旋转"的级联菜单中，选择"三维旋转选项"，打开"设置形状格式"窗格；在"三维旋转"列表中，设置好X、Y、Z轴的旋转值即可，如图4-24所示。设置前的效果如图4-25所示，设置后的效果如图4-26所示。

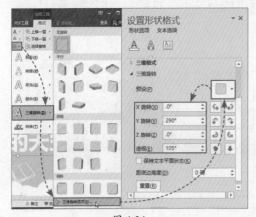

图 4-24

图 4-25

图 4-26

在PowerPoint中还可以使用"艺术字"功能来输入艺术文字。在"插入"选项卡的"文本"选项组中，单击"艺术字"下拉按钮，从中选择一款艺术字样式，此时会在页面中插入该样式的文本框，在此输入内容即可，如图4-27所示。如果想更改样式，只需在"绘图工具-格式"选项卡的"艺术字样式"选项组中，根据需要设置文本填充、文本轮廓以及文字效果即可。

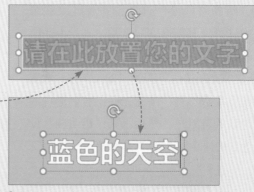

图 4-27

4.3.2　设置渐隐文字

渐变文字相信大多数读者都了解，就是为文字填充渐变色。渐隐文字是渐变文字的一种，其效果是让文字逐渐淡出，看起来很有空间感，如图4-28所示。

扫码看视频

图 4-28

渐隐效果很好实现，用户只需要将文字填充为渐变色，然后调整渐变色的透明度即可。具体方法是，选中所需文本框，在"绘图工具-格式"选项卡的"艺术字样式"选项组中单击"文本填充"下拉按钮，选择"渐变"选项，并在其级联菜单中选择"其他渐变"选项，如图4-29所示；在"设置形状格式"窗格中，单击"渐变填充"按钮，调整"方向"和"渐变光圈"参数，将"渐变光圈"右侧滑块的颜色设为背景色，然后将其"透明度"设置为100%即可，如图4-30所示。

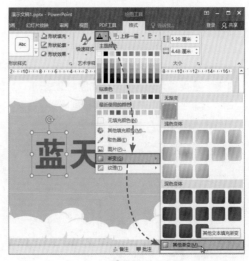

图 4-29

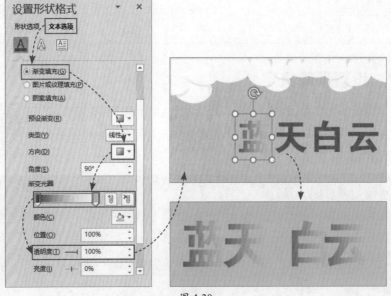

图 4-30

4.3.3 字体的批量替换

PPT制作好后，发现部分内容的字体不合适，需要更换，这时可使用"替换"功能批量操作。

在页面中选中需替换字体的文本框，在"开始"选项卡的"编辑"选项组中单击"替换"下拉按钮，从列表中选择"替换字体"选项；在打开的同名对话框的"替换"文本框中会显示当前选中文字的字体样式（华文新魏），单击"替换为"下拉按钮，在列表中选择要用的字体选项（思源宋体 CN），然后单击"替换"按钮即可，如图4-31所示。此时PPT中所有"华文新魏"字体已全部替换成"思源宋体 CN"。

图 4-31

动手练 制作创意标题内容

除了以上介绍的创意字体外，用户还可以利用字体填充功能来制作艺术字。

Step 01 打开本章配套的素材文件，选中标题文本框，在"绘图工具-格式"选项卡的"艺术字样式"选项组中单击"文本填充"下拉按钮，从列表中选中"图片"选项，如图4-32所示。

Step 02 在打开的"插入图片"对话框中，选中要填充的图片，单击"插入"按钮，如图4-33所示。

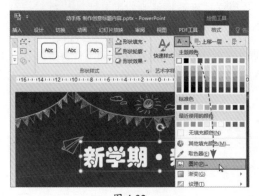

图 4-32

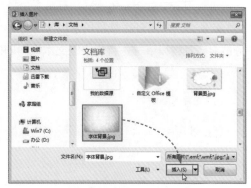

图 4-33

Step 03 设置完成后，标题文本已发生了相应的变化，结果如图4-34所示。

图 4-34

4.4 设置段落格式

前面讲解的是文字格式的设置方法，接下来将介绍如何对段落文本的格式进行设置。一般来说，设置段落格式不外乎段落的对齐方式、行间距、添加项目符号和编号、对段落进行分栏等。

4.4.1 设置段落对齐方式

在页面中选择需设置对齐方式的段落，在"开始"选项卡的"段落"选项组中，根据需要选择"左对齐▤""居中▤""右对齐▤""两端对齐▤"或"分散对齐▤"方式，如图4-35所示。

图 4-35

默认情况下，段落对齐方式是左对齐。居中对齐则是将段落以文本框的中线为对准基线进行对齐，如图4-36所示。右对齐是将段落以文本框右框线为对准基线进行对齐，如图4-37所示。两端对齐是将段落以文本框两侧框线为对准基线进行对齐，如图4-38所示。分散对齐是将段落每一行文字以文本框两侧框线为基线进行分散对齐，如图4-39所示。

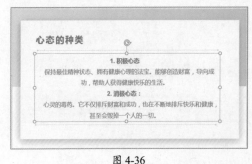

图 4-36

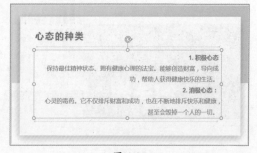

图 4-37

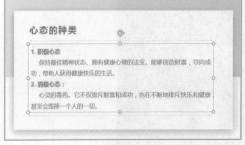

图 4-38

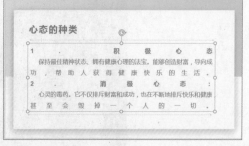

图 4-39

4.4.2 设置行间距

合理的段落行间距可使页面看上去更加美观大方。默认的段落行距为1倍，此行距在段落文字较少的情况下可以使用。若段落文字较多，整体效果就会显得很拥挤，如图4-40所示，观众阅读起来也比较费劲，这时应该设置最佳的段落行距"1.5"倍，效果如图4-41所示。

 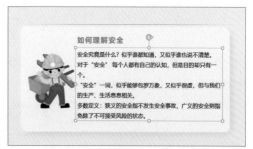

图 4-40   图 4-41

修改行距的方法是，在"段落"选项组中单击"行距"下拉按钮，从列表中选择"1.5"选项，如图4-42所示。另一种方法是，单击"段落"右下角的"段落"按钮，在打开的"段落"对话框中，将"行距"设为"1.5倍行距"，然后单击"确定"按钮，如图4-43所示。

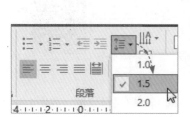 

图 4-42   图 4-43

4.4.3 添加项目符号及编号

有时为了能让内容更加具有条理性，可为其添加项目符号或编号。添加项目符号的方法是，选中段落，在"段落"选项组中单击"项目符号"下拉按钮，在打开的列表中选中一种符号样式，如图4-44所示。

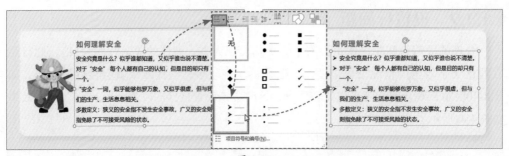

图 4-44

如果想要为段落添加编号，可在"段落"选项卡中单击"编号"下拉按钮，从列表中选择编号样式，如图4-45所示。

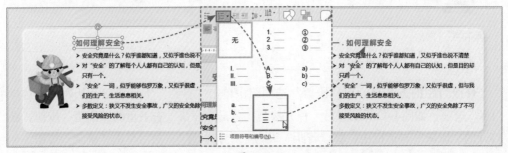

图 4-45

知识点拨

在"项目符号"列表或"编号"列表中没有满意的样式时，可选择列表底部的"项目符号和编号"选项，在打开的对话框中自定义样式，例如符号大小、符号颜色等即可。

动手练 对页面内容进行分栏显示

扫码看视频

为使版面美观，必要时可将段落内容分栏显示。下面将举例介绍分栏功能的应用方法。

Step 01 打开本章配套的素材文件，可看到当前正文内容是以单栏显示的，如图4-46所示。

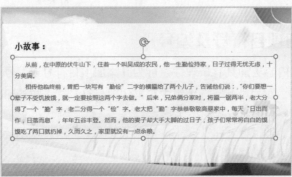

图 4-46

Step 02 选中内容文本框，在"开始"选项卡的"段落"选项组中单击"添加或删除栏"下拉按钮，从列表中选择"更多栏"选项；在"分栏"对话框中，将"数量"设为"2"，将"间距"设为"1厘米"，如图4-47所示。

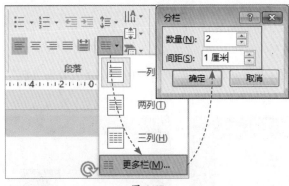

图 4-47

Step 03 设置完成后，单击"确定"按钮，此时被选中的段落已分成两栏显示，如图4-48所示。按照同样的操作，将第2张幻灯片内容也进行分栏操作，结果如图4-49所示。

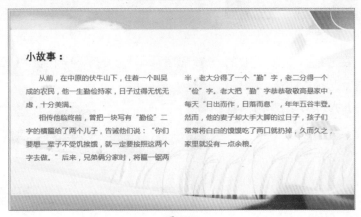

图 4-48

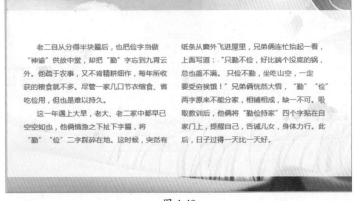

图 4-49

案例实战：制作产品推介封面

下面将制作家居产品推介封面，涉及的知识点包括文字的格式、对齐方式、形状的绘制以及编辑等。

Step 01 打开本章配套的素材文件，创建文本框并输入文本"家"，设置好文字的格式，如图4-50所示。

Step 02 按照同样的方法，输入其他文本内容，将"装饰宝典"文本设置成"分散对齐"方式，并摆放至页面合适位置，如图4-51所示。

图 4-50　　　　　　　　　　　　　　　图 4-51

Step 03 在"插入"选项卡的"形状"列表中，选择"直线"形状，使用鼠标拖曳的方法，绘制两条直线，如图4-52所示。

图 4-52

Step 04 在"绘图工具-格式"选项卡中单击"形状轮廓"下拉按钮，在列表中设置好直线颜色，如图4-53所示。

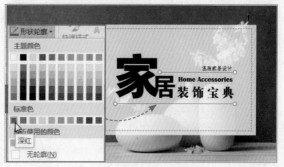

图 4-53

Step 05 选择白色透明背景，再按住Shift键选择"家""居"两个文本框，如图4-54所示。

Step 06 在"绘图工具-格式"选项卡的"插入形状"选项组中单击"合并形状"下拉按钮，从列表中选择"剪除"选项，如图4-55所示。

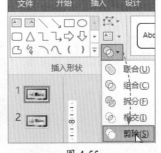

图 4-54　　　　　　　　　　　　　　　　　图 4-55

Step 07 被选中的"家""居"两个文本框已从白色透明背景中减去，如图4-56所示。

图 4-56

Step 08 同样，利用"剪除"功能，先选中白色透明背景，再选择英文的文本框，将其从白色透明背景中减去，如图4-57所示。

图 4-57

至此，产品推介封面制作完毕。

手机办公：为封面页添加标题

前面介绍了如何更换手机端PPT的页面版式，那么本章将简单介绍一下如何在手机PPT中进行文字的输入与编辑操作。

Step 01 启动手机端Office软件，创建一个模板文档，进入操作界面，如图4-58所示。

Step 02 单击右上角的"："按钮，在打开的列表中选择"另存为"选项，如图4-59所示。在打开的"另存为"界面中，将当前主题进行保存操作，如图4-60所示。

图 4-58

图 4-59

图 4-60

Step 03 保存完毕后，随即进入操作界面，双击页面中的文本占位符，可进入文字编辑状态，在此输入标题内容，如图4-61所示。

Step 04 标题输入完成后，双击页面空白处，返回到正常视图界面，如图4-62所示。

图 4-61

图 4-62

Step 05 选中标题文本框，在操作界面下方工具栏中单击"加粗"按钮，将标题加粗显示，如图4-63所示。

Step 06 单击"字体颜色"按钮，在打开的颜色列表中，选择满意的颜色，如图4-64所示。

Step 07 此时标题文本的颜色已发生了变化。单击工具栏右侧三角形按钮，打开更多设置选项，在此可设置文字的字体与字号，如图4-65所示。

Step 08 设置完成后，返回到正常视图界面，用户可以看到页面整体效果，如图4-66所示。至此，项目汇报PPT封面制作完毕。

图 4-63

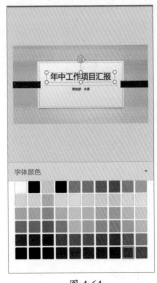

图 4-64

图 4-65

图 4-66

 新手答疑

通过对本章内容的学习，相信大家对字体、段落的设置操作有了大致的了解。下面将针对工作中一些常见的疑难问题进行解答，以便巩固所学的知识内容。

1. Q: "字体"选项组右侧的"增大字号"按钮和"减小字号"按钮有什么作用？

    A: 单击"增大字号"按钮 $A^↑$ 可快速放大字号，单击"减小字号"按钮 $A^↓$ 可以快速缩减字号。这两个按钮经常使用，如在操作过程中没有办法准确设置字体的大小时，可以使用这两个功能按钮来调整。

2. Q: 如何切换字母大小写？

    A: 选中字母，在"开始"选项卡的"字体"选项组中单击"更改大小写"下拉按钮，在打开的下拉列表中，根据需要选择相应的选项即可，如图4-67所示。

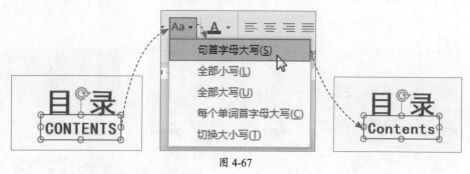

图 4-67

3. Q: 如何将文本框中的文字改为竖排？

    A: 如果当前文本框中的文字是横排，那么只需选中文本框，在"开始"选项卡的"段落"选项组中单击"文字方向"下拉按钮，从列表中选择"竖排"选项即可将文字竖排，如图4-68所示。

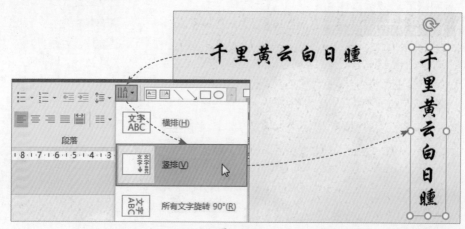

图 4-68

PPT办公应用标准教程——设计、制作、演示（全彩微课版）

第5章

图形图像的设计与应用

在PPT页面中适当地添加一些图片或图形元素，可以突出主题内容，美化页面效果。本章将向读者介绍图形和图片在文档中的应用，包括图片和图形的插入与编辑、SmartArt功能的应用等。

5.1 图片的插入与修饰

之前的章节中已介绍过图片选择的一些技巧，那么图片选择好后，如何将其插入幻灯片中并进行美化呢？下面将介绍具体的操作方法。

5.1.1 插入本机图片

要在页面中插入图片，只需在"插入"选项卡的"图像"选项组中单击"图片"按钮，在打开的"插入图片"对话框中选择所需图片，单击"插入"按钮即可，如图5-1所示。

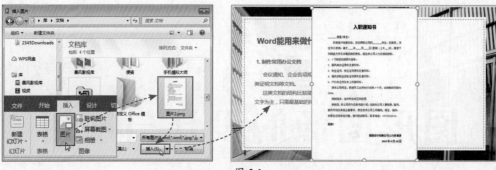

图 5-1

图片插入后，默认会最大化显示在页面中间位置。这时用户就需根据排版的情况来调整图片的大小和位置了。

选中图片，将指针放置在图片右下角的控制点处，当指针呈双向箭头时，按住Shift键拖曳控制点至合适位置，即可等比例放大或缩小图片，如图5-2所示。

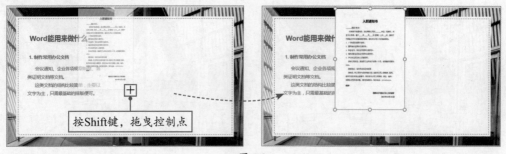

图 5-2

单击图片任意处，当指针呈十字形时，拖动图片即可移动图片位置，如图5-3所示。

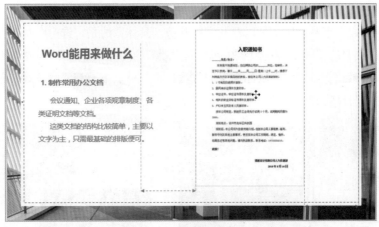

图 5-3

知识点拨

如果要批量添加多张图片，只需在资源管理器中选择所有图片，直接将其拖入PPT页面中即可。插入多张图片后，图片会以叠放的形式显示在页面中。

5.1.2 插入屏幕截图

使用屏幕截图功能可以在不退出PowerPoint的情况下，将网页或其他程序的内容捕捉下来，并插入到幻灯片中。具体方法是，在"插入"选项卡的"图像"选项组中单击"屏幕截图"下拉按钮，从列表中选择"屏幕剪辑"选项，此时PowerPoint窗口会最小化，并且屏幕以灰白透明

扫码看视频

状态显示，用鼠标拖曳的方法截取需要的区域，如图5-4所示。完成后，系统会自动将截取的图片插入至PPT页面中，如图5-5所示。

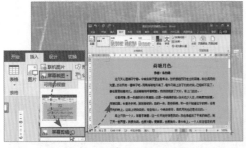

图 5-4

图 5-5

5.1.3 对插入的图片进行修饰

插入图片后，通常都需要对图片进行必要的调整，如图片大小、图片色调、图片外观样式等。下面将分别介绍。

1. 裁剪图片

插入的图片大小不合适，可以对其进行裁剪。具体方法是，选中图片，在"图片工具-格式"选项卡的"大小"选项组中单击"裁剪"按钮，此时图片四周会出现裁剪控制点；选中任意裁剪点，使用鼠标拖曳的方法，将裁剪点拖至需要的位置，单击页面空白处即可完成图片裁剪，如图5-6所示。

图 5-6

除此之外，用户也可以将图片裁剪成各种形状。选择图片后，在"裁剪"下拉列表中选择"裁剪为形状"选项，在打开的形状列表中，选择所需形状即可，如图5-7所示。

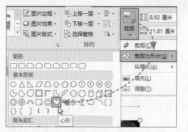

图 5-7

若在"裁剪"下拉列表中选择"纵横比"选项并在其级联菜单中选择合适的比例，系统可按此比例进行图片裁剪，如图5-8所示。

图 5-8

2. 调整图片的色调

在PowerPoint中用户可以对图片的亮度、色调以及艺术效果进行设置。具体方法是，选中图片，在"图片工具-格式"选项卡的"调整"选项组中选择相应的按钮即可调整：

● 单击"更正"按钮，可以对当前图片的亮度/对比度、锐化/柔化程度进行调整，如图5-9所示。

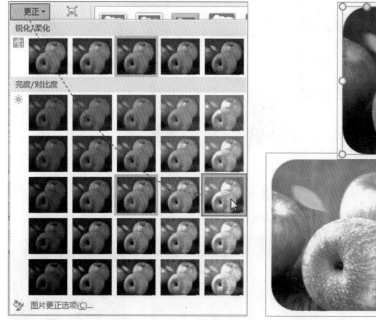

图 5-9

● 单击"颜色"按钮，可以对图片的饱和度、色调进行调整，如图5-10所示。在"重新着色"选项中，用户还可以更换当前图片的颜色。

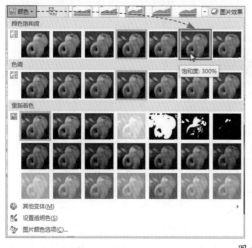

图 5-10

● 单击"艺术效果"按钮，可以设置当前图片的艺术效果，如图5-11所示。

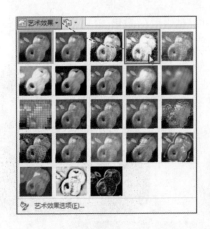

图 5-11

如果对图片的修饰效果不满意，可以将图片恢复至最初状态重新设置。具体方法是，在"调整"选项组中单击"重设图片"下拉按钮，选择"重设图片"选项，如图5-12所示。

图 5-12

3. 设置图片外观样式

在"图片工具-格式"选项卡的"图片样式"选项组中，单击"其他"下拉按钮，在打开的样式列表中，可以对当前图片的外观样式进行设置，如图5-13所示。

图 5-13

在"图片样式"选项组中单击"图片边框"下拉按钮，可对当前图片边框样式进行设置，如设置边框颜色、边框粗细、边框线型等，如图5-14所示。单击"图片效果"下拉按钮，可对图片效果进行设置，如添加阴影、映像、各种发光效果等，如图5-15所示；单击"图片版式"下拉按钮，可对图片的版式进行设置，如图5-16所示，此选项比较适合图片较多时排列图片使用。

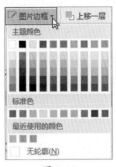

图 5-14

图 5-15

图 5-16

5.1.4　删除图片背景

扫码看视频

从PowerPoint 2013版开始，用户可以利用"删除背景"功能来对图片的背景进行处理。具体方法是，选中图片，在"图片工具-格式"选项卡中单击"删除背景"按钮，打开"背景消除"选项卡，此时系统将自动识别图片背景，并以紫色高亮显示出来；拖曳图片上的控制点调整要删除的背景区域，然后单击"保留更改"按钮，即可完成背景删除操作，如图5-17所示。

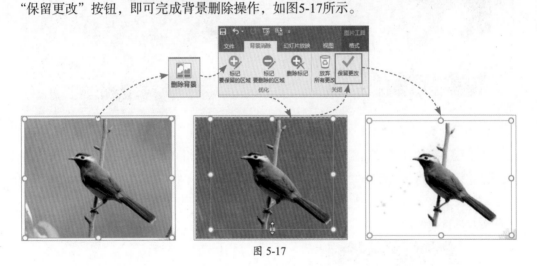

图 5-17

在调整要删除的背景区域时，用户可使用"标记要保留的区域"和"标记要删除的区域"这两个功能来对背景进行标记。紫色区域是要删除的区域，其余则是要保留的区域。

动手练　对多张宠物图片进行排版

扫码看视频

对多张图片进行排版时，如果一时找不到美观的排版形式，可以使用"图片版式"功能进行排版。下面将以排版多张宠物照为例，来介绍具体的操作方法。

Step 01 打开本章配套的素材文件，按住Shift键选中所有宠物图片，插入到PPT中，如图5-18所示。

Step 02 在"图片工具-格式"选项卡的"图片样式"选项组中单击"图片版式"下拉按钮，从列表中选择"螺旋图"版式，如图5-19所示。

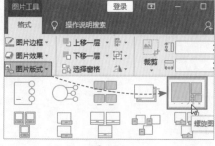

图 5-18　　　　　　　　　　　　　　　图 5-19

Step 03 此时，所选图片的排列就会发生相应的变化，如图5-20所示。

Step 04 将排好的图片移到页面右侧合适位置，将标题移至图片左侧合适位置，同时设置好其格式，如图5-21所示。

图 5-20　　　　　　　　　　　　　　　图 5-21

Step 05 按住Shift键选中所有图片，在"图片工具-格式"选项卡中单击"图片边框"下拉按钮，将图片边框设为白色，边框粗细设为3磅，如图5-22所示。

Step 06 设置完成后，所选图片边框已发生了变化，如图5-23所示。至此，完成了宠物图片的排版操作。

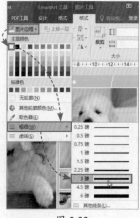

图 5-22　　　　　　　　　　　　　　　图 5-23

P 5.2 图形在PPT中的作用

图形的可塑性很强，是非常好的装饰元素，通过编辑加工能够变化出各式各样的图案，从而丰富页面效果，提升PPT品质。为了让用户能更好地了解图形，下面对其进行详细介绍。

1. 简单装饰

图形在幻灯片中最大的作用就是装饰页面。当没有合适的图片来美化页面时，利用简单图形就可以呈现出不一样的页面效果，如图5-24所示。

2. 划分内容

当页面内容较多，需要分区域展示时，可以利用图形来划分，如图5-25所示。

图 5-24

图 5-25

3. 标注信息

有时需要对某些内容进行标注，以便突出重要信息，这时就可以利用图形来实现，如图5-26所示。

4. 创意组合

利用各种小图形组合成各种具有创意性的图案，可以丰富幻灯片的页面，让PPT更有个性，如图5-27所示。

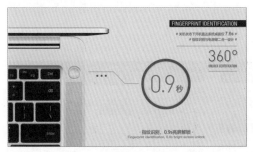

图 5-26

图 5-27

P 5.3 图形的插入与编辑

了解了图形在PPT中的作用之后，接下来将介绍图形的具体应用操作，包括图形的创建、编辑等。

5.3.1 插入基本图形

要在页面中创建图形，只需在"插入"选项卡的"插图"选项组中单击"形状"下拉按钮，在其列表中选择所需的图形，使用鼠标拖曳的方法，在页面中绘制出该图形即可，如图5-28所示。

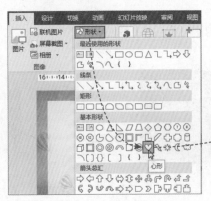

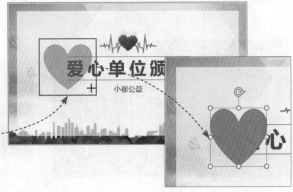

图 5-28

5.3.2 对图形进行编辑

图形绘制完成后，一般情况下都需要对图形的颜色、位置以及效果进行必要的设置。具体方法是，选中所绘制的图形，在"绘图工具-格式"选项卡的"形状样式"选项组中，单击"形状填充"下拉按钮，从列表中选择合适的选项对形状颜色进行设置；单击"形状轮廓"下拉按钮，对轮廓样式进行设置，如轮廓颜色、轮廓粗细、轮廓线型等；单击"形状效果"下拉按钮，对效果进行设置，如形状的阴影、映像、发光类型等，如图5-29所示。

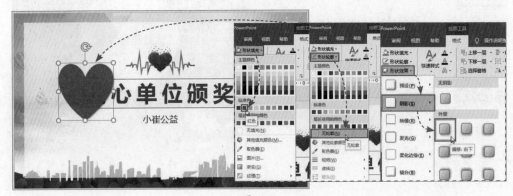

图 5-29

除此之外，选择图形后，拖动其上方的旋转按钮 ⟳，可以旋转图形，如图5-30所示。如果按住Ctrl键拖动图形至合适位置，可以复制图形；将指针放在图形四周任意控制点上，按住Shift键拖曳，可以等比放大或缩小图形，如图5-31所示。

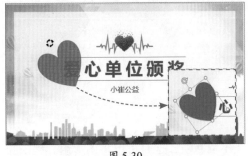

图 5-30

图 5-31

右击图形，在弹出的快捷菜单中选择"设置形状格式"选项，会打开相应的设置窗格，在此用户可以对图形格式进行详细设置。例如，设置填充颜色的透明度，只需在"透明度"列表中输入数值，或者拖动其滑块至合适位置即可，如图5-32所示。

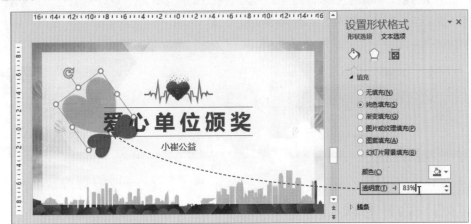

图 5-32

5.3.3　设置图形的摆放顺序

在操作过程中，如果想要对图形摆放的顺序进行调整，只需右击图形，在弹出的快捷菜单中选择"置于顶层"或"置于底层"选项，被选中的图形顺序就会发生变化，如图5-33所示。

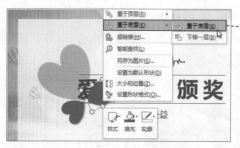

图 5-33

5.3.4 组合/取消组合

如果绘制的图形比较多，操作起来相对会比较麻烦，这时可以将图形组合起来操作。具体方法是，按Shift键选中要组合的图形，在"绘图工具-格式"选项卡的"排列"选项组中单击"组合对象"下拉按钮，从列表中选择"组合"选项即可组合所选图形，如图5-34所示。

图形组合后，如果想要取消组合，可选中组合的图形，在"组合对象"下拉列表中选择"取消组合"选项即可，如图5-35所示。

图 5-34　　　　　　　　　　　　　　　　　　　　图 5-35

5.3.5 合并形状

合并形状是图形编辑的高级功能，它是将多个图形利用"联合""组合""拆分""相交"和"剪除"等操作，制作成一个新图形。具体方法是，选中要操作的图形，在"绘图工具-格式"选项卡的"插入形状"选项组中单击"合并形状"下拉按钮，从列表中选择所需的合并选项，如图5-36所示。

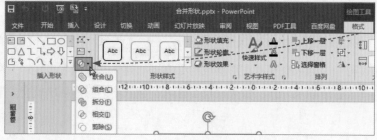

图 5-36

● **联合**：将多个图形组合为一个新的形状。新形状的颜色取决于先选图形的颜色。以图5-37所示图形为例，如先选红心再选文字则新图形为红色；如先选文字再选红心则新图形为黄色，如图5-38所示。

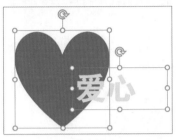

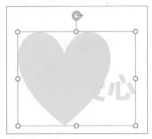

图 5-37   图 5-38

● **组合**：与"联合"选项效果相似，区别在于两个图形重叠的部分会镂空显示，如图5-39所示。

● **拆分**：将图形进行分解，所有重合的部分都会变成独立的形状，如图5-40所示。该选项常被用来制作创意字体。

● **相交**：只保留两个形状之间重叠的部分，如图5-41所示。

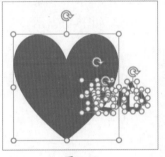

图 5-39   图 5-40   图 5-41

● **剪除**：用先选图形的形状减去后选图形的形状所得的部分，如图5-42所示。该选项通常用来制作镂空效果。

图 5-42

注意事项 利用"合并形状"功能制作的文字会被转化为图片，这样文字内容就无法再更改了。所以在使用"合并形状"之前，需确保文字内容准确无误。

动手练 美化结尾幻灯片

下面将以美化结尾幻灯片为例，介绍合并形状功能的具体应用。

Step 01 打开本章配套的素材文件，可以看到当前页面中只有文本内容，整个页面显得很单调，如图5-43所示。

Step 02 在"插入"选项卡中单击"形状"下拉按钮，选择"矩形"，使用鼠标拖曳的方法绘制矩形，并将其放置在页面的合适位置，如图5-44所示。

图 5-43

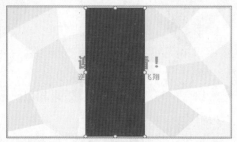

图 5-44

Step 03 先选中两个文本框，再选择矩形，如图5-45所示。

Step 04 在"绘图工具-格式"选项卡中单击"合并形状"下拉按钮，从列表中选择"组合"选项，完成图形合并操作，如图5-46所示。

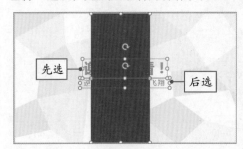

图 5-45

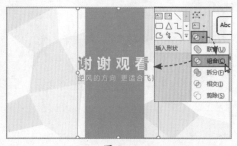

图 5-46

Step 05 在"形状"列表中分别选择"直线"和"三角形"形状，在页面合适位置绘制图形，如图5-47所示。

图 5-47

Step 06 将直线和三角形都设为白色，三角形轮廓设为"无轮廓"。选择直线和三角形，在"排列"选项组中单击"组合对象"下拉按钮，从列表中选择"组合"选项，将两者组合，如图5-48所示。

Step 07 按住Shift键和Ctrl键向下复制图形。选中复制后的图形后单击图形上方的 ⓒ（旋转）图标，按住Shift键将图形进行垂直翻转，如图5-49所示。

图 5-48

图 5-49

5.4 SmartArt功能的使用

SmartArt图形在PPT中是经常被用到的，如用来制作流程图、逻辑关系图等。下面将对SmartArt图形的创建、编辑和美化进行详细介绍。

5.4.1 创建SmartArt图形

在"插入"选项卡的"插图"选项组中单击"SmartArt"按钮，打开"选择SmartArt图形"对话框，从列表中选择一种SmartArt图形，单击"确定"按钮即可完成SmartArt图形的创建，如图5-50所示。

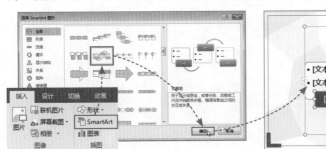
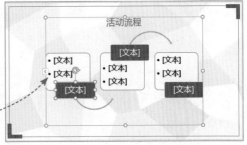

图 5-50

单击SmartArt图形中的"[文本]"字样，可输入文字内容，如图5-51所示。

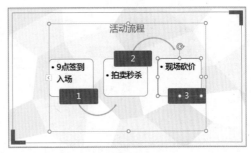

图 5-51

用户还可以在"SmartArt工具-设计"选项卡的"创建图形"选项组中单击"文本窗格"按钮，在"在此处键入文字"窗格中输入文字内容，如图5-52所示，此时插入的SmartArt图形中会自动添加相应的内容。

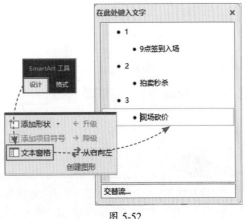

图 5-52

5.4.2 编辑SmartArt图形

　　默认情况下，插入的SmartArt图形会显示三组，如图形不够用，用户可再添加。具体方法是，选中最后一组图形，在"SmartArt工具-设计"选项卡中单击"添加形状"下拉按钮，从列表中选择"在后面添加形状"选项，此时被选图形后方会添加新图形，如图5-53所示。

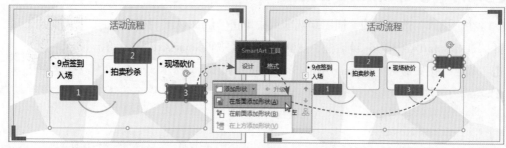

图 5-53

　　右击添加的图形，在弹出的快捷菜单中选择"编辑文字"选项即可在图形中添加文字内容，如图5-54所示。

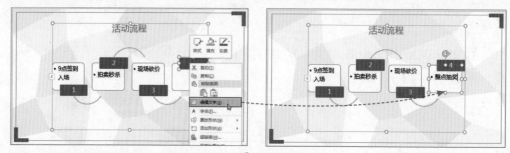

图 5-54

　　如果想要更改图形的前后关系，只需选中要调整的图形，在"SmartArt工具-设计"选项卡中单击"上移"或"下移"按钮即可，如图5-55所示。

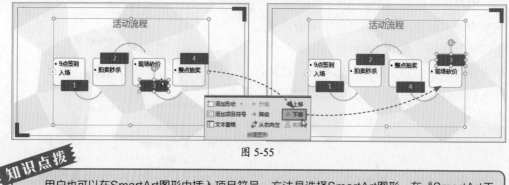

图 5-55

知识点拨

　　用户也可以在SmartArt图形中插入项目符号，方法是选择SmartArt图形，在"SmartArt工具-设计"选项卡中单击"添加项目符号"按钮。

5.4.3　美化SmartArt图形

SmartArt图形创建好后，用户可以根据排版需要更换其颜色、版式、样式等。更换版式的方法是，选中SmartArt图形，在"SmartArt工具-设计"选项卡的"版式"下拉列表中，选择其他版式，如图5-56所示。

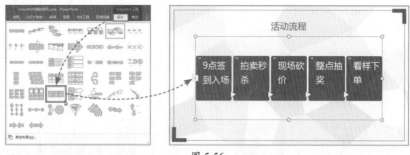

图 5-56

利用"SmartArt样式"列表，用户可以更改当前的样式，如图5-57所示。

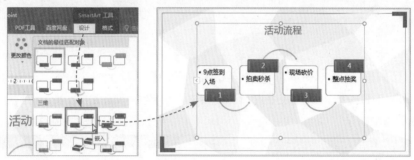

图 5-57

利用"SmartArt样式"列表中的"更改颜色"下拉列表，可以对当前图形的颜色进行调整，如图5-58所示。

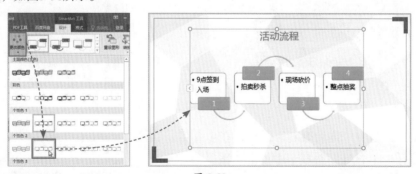

图 5-58

 知识点拨

内置SmartArt图形样式或颜色无法满足需求时，用户可以在"SmartArt工具-格式"选项卡的"形状样式"选项组中，通过设置"形状填充""形状轮廓"和"形状效果"这三个选项进行自定义。

动手练 制作危重病人就诊流程图

下面将以制作危重病人就诊流程图为例，介绍SmartArt图形的具体应用操作。

Step 01 打开本章配套的素材文件，在"插入"选项卡中单击"SmartArt"按钮，在打开的"选择SmartArt图形"对话框的"层次结构"界面中，选择满意的结构图，单击"确定"按钮，如图5-59所示。

Step 02 此时在页面中央会插入所选图形，单击图形中的"[文本]"字样，输入流程图文本内容，结果如图5-60所示。

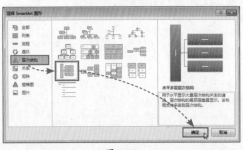

图 5-59

图 5-60

Step 03 选中"送抢救室"文本内容，在"开始"选项卡的"段落"选项组中单击"文字方向"下拉按钮，从列表中选择"所有文字旋转90°（R）"选项，将其进行旋转操作，如图5-61所示。

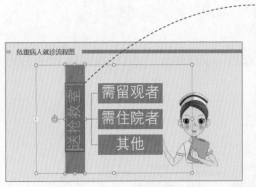

图 5-61

Step 04 选中"需留观者"图形，在"SmartArt工具-设计"选项卡中单击"添加形状"下拉按钮，从列表中选择"在下方添加形状"选项，此时在该图形后方会添加新图形，如图5-62所示。

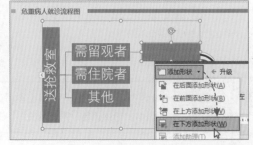

图 5-62

Step 05 右击新图形，在弹出的快捷菜单中选择"编辑文字"选项，在图形中添加文字内容，如图5-63所示。按照同样的方法，添加其他新图形，并输入文字，如图5-64所示。

图 5-63

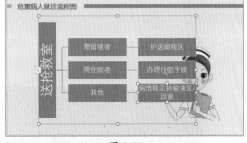

图 5-64

Step 06 选中创建的流程图，在"开始"选项卡中设置好文字的字体和字号，右击流程图，在弹出的快捷菜单中选择"置于底层"选项，将其调整至图片下方。调整好整个流程图的大小，如图5-65所示。

Step 07 选中流程图，在"SmartArt工具-设计"选项卡中单击"更改颜色"下拉按钮，从列表中选中满意的颜色设计，如图5-66所示。

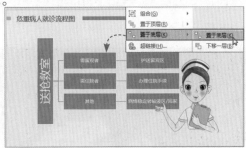

图 5-65

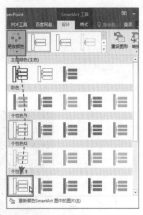

图 5-66

Step 08 将流程图中的文字颜色设为主题绿色。将"送抢救室"图形文字加粗显示，结果如图5-67所示。

Step 09 按住Ctrl键选择流程图的所有图形，在"SmartArt工具-格式"选项卡中单击"形状效果"下拉按钮，从列表中选择"阴影"选项，为图形添加阴影，如图5-68所示。

图 5-67

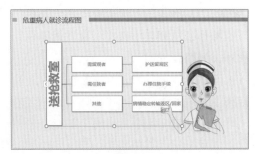

图 5-68

至此，危重病人就诊流程图制作完毕。

案例实战：制作旅游宣传内容页

下面将以制作旅游宣传内容页为例，向用户介绍如何将图形与图片结合，做出富有诗情画意的页面效果来。

Step 01 新建一个空白演示文稿，删除标题文本框，将"笔刷"素材拖至页面中，按住Shift键等比例放大笔刷图片，并调整好图片的位置，如图5-69所示。

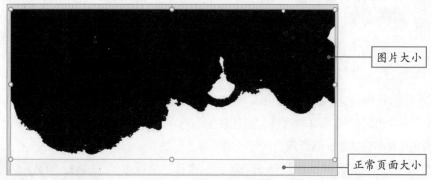

图 5-69

Step 02 选中图片，在"图片工具-格式"选项卡中单击"裁剪"按钮，将溢出页面外的图片区域剪掉，如图5-70所示。

图 5-70

Step 03 选中裁剪好的笔刷图片，在"图片工具-格式"选项卡中单击"颜色"下拉按钮，从列表中选择"设置透明色"选项，如图5-71所示。

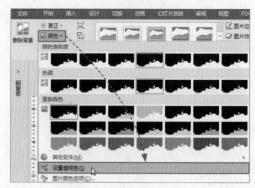

图 5-71

Step 04 此时指针形状会发生变化，单击笔刷图片中的黑色部分，将其透明化，如图5-72所示。

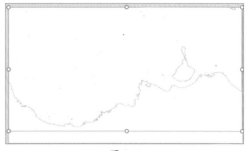

图 5-72

Step 05 右击笔刷图片，在弹出的快捷菜单中选择"设置图片格式"选项，打开相应的设置窗格；单击"填充与线条"按钮，打开"填充"选项列表，单击"图片或纹理填充"单选按钮，再单击"文件"按钮；在"插入图片"对话框中，选择"图片"素材，如图5-73所示。

Step 06 单击"插入"按钮，此时原笔刷图片的透明化区域填充入新素材图片，如图5-74所示。

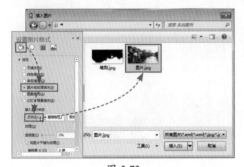

图 5-73

图 5-74

Step 07 利用文本框在页面合适位置输入文字内容，并设置好字体与大小，结果如图5-75所示。

图 5-75

至此，旅游宣传内容页就制作完了。

手机办公：在幻灯片中添加图片

要想在手机PPT中插入图片，其方法也很简单。下面将以"岗前培训"文稿为例，来介绍具体的应用操作。

Step 01 利用手机Office软件打开"岗前培训"文稿，单击"编辑"按钮，进入编辑界面，如图5-76所示。

Step 02 在编辑界面中单击下方工具栏中的 按钮。在打开的相册界面中，选择要插入的图片，如图5-77所示。

图 5-76

图 5-77

Step 03 在打开的图片浏览界面中，单击"完成"按钮，如图5-78所示。

Step 04 此时，图片已被插入至页面中央，如图5-79所示。

Step 05 选中图片，将其移至页面右侧合适位置，如图5-80所示。

Step 06 保持图片选中状态，单击下方工具栏中的 按钮，打开图片样式列表，在此选中一种图片样式，如图5-81所示。此时插入的图片样式发生了改变。

图 5-78

PPT办公应用标准教程——设计、制作、演示（全彩微课版）

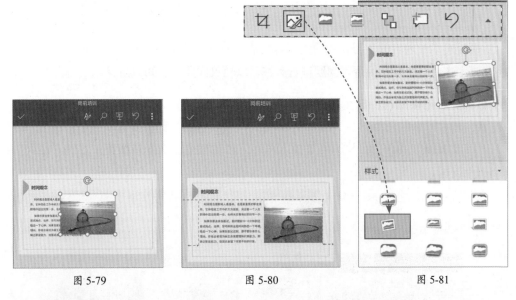

图 5-79　　　　　　　　　　图 5-80　　　　　　　　　　图 5-81

Step 07 按住图片上方的旋转按钮，可将图片适当旋转，如图5-82所示。

Step 08 单击界面下方工具栏右侧的三角形按钮，在打开的列表中，还可以对图片的排列、图片的裁剪以及图片的大小和位置进行设置，如图5-83所示。

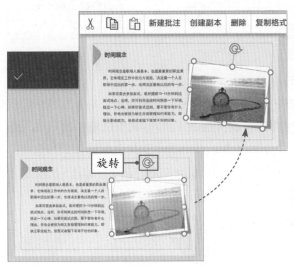

图 5-82

图 5-83

 新手答疑

通过对本章内容的学习，相信大家对图形、图片的基本操作有了大致的了解。下面将针对工作中一些常见的疑难问题进行解答，以便巩固所学的知识内容。

1. Q: 要想更换图片，怎么操作？

A: 选中原来的图片，在"图片工具-格式"选项卡的"调整"选项组中，单击"更改图片"按钮；在打开的"插入图片"对话框中，选择新图片，单击"插入"按钮，如图5-84所示。

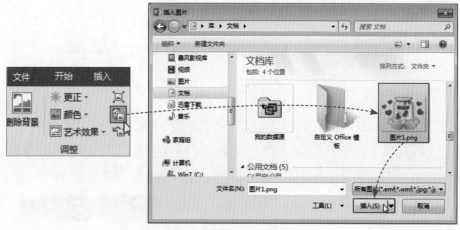

图 5-84

2. Q: 图形操作的"编辑顶点"是什么意思？

A: 如果当前插入的图形不符合需要，用户可以利用"编辑顶点"功能对图形形状进行修改。具体方法是，选中图形，在"绘图工具-格式"选项卡的"插入形状"选项组中单击"编辑形状"下拉按钮，从列表中选择"编辑顶点"选项，此时图形四周会出现编辑点，拖动编辑点即可编辑图形的形状，如图5-85所示。

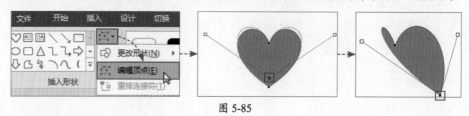

图 5-85

3. Q: 如何在图形中插入图片？

A: 选中图形，在"绘图工具-格式"选项组中单击"形状填充"下拉按钮，从列表中选择"图片"选项；在"插入图片"对话框中选择所需图片即可。

PPT办公应用标准教程——设计、制作、演示（全彩微课版）

第6章
表格图表的设计与应用

在PPT中经常会使用表格或图表来展示一些重要的数据信息。其实表格除了能够展示数据外，还有一项实用的功能，就是页面排版。本章将向读者介绍表格与图表的设计与应用。

6.1 表格的插入与编辑

利用表格读者可以一目了然地观察到数据之间的关系。本节将介绍在幻灯片中创建表格及美化表格的方法。

6.1.1 插入表格

在PowerPoint中插入表格的方法有很多，最常用的有两种，一种是利用快捷菜单插入，另一种是利用对话框插入。

1. 利用快捷菜单插入

在"插入"选项卡的"表格"选项组中单击"表格"下拉按钮，在列表中拖动鼠标可设置单元格数量，然后单击即可插入表格，如图6-1所示，插入的是7行9列的表格。

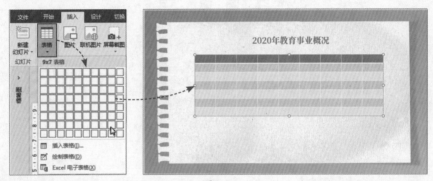

图 6-1

注意事项 这种方法虽然可以快速插入多行多列的表格，但对行列数有一定的限制，最多只能插入8行10列的表格。

2. 利用对话框插入

在"插入"选项卡中单击"表格"下拉按钮，从列表中选择"插入表格"选项，在打开的同名对话框中，输入列数和行数，单击"确定"按钮即可插入指定行列数的表格，如图6-2所示。

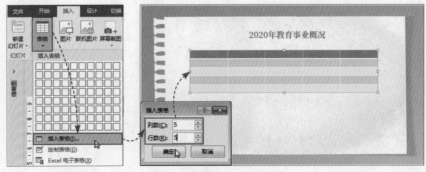

图 6-2

PPT办公应用标准教程——设计、制作、演示（全彩微课版）

用户还可以在"表格"列表中通过选择"绘制表格"和"Excel电子表格"选项来创建表格。不过这两种方法操作起来相对比较烦琐，不建议使用。

6.1.2 对表格进行编辑

表格创建好后，用户就可以在表格中输入内容，并对表格进行基本的调整操作了，例如设置文本对齐方式、调整行高与列宽、插入行与列、合并与拆分单元格等。

1. 设置文本对齐方式

选中表格，在"表格工具-布局"选项卡的"对齐方式"选项组中，用户可以根据需求选择相应的对齐方式，如图6-3所示。

图 6-3

2. 调整行高与列宽

表格内容输入完成后，默认的行高和列宽可能不太合适，这时用户就需要对其进行调整了。将指针放置在要调整的分割线上，当指针呈双向箭头时，拖曳分割线至合适位置即可。图6-4所示为调整列宽，图6-5所示为调整行高。

学校种类	学校数（所）	教学点数（个）	班级数（个）	毕业生数（人）
基础教育	1818	119	38850	355742
学前教育	581		12213	148198
小学	906	119	18126	73547
中学	319		8328	133786
中等职业教育	28			29451
地方高等教育	9		51820	55213

图 6-4

学校种类	学校数（所）	教学点数（个）	班级数（个）	毕业生数（人）
基础教育	1818	119	38850	355742
学前教育	581		12213	148198
小学	906	119	18126	73547
中学	319		8328	133786
中等职业教育	28			29451
地方高等教育	9		51820	55213

图 6-5

将指针放置在表格任意对角控制点上，拖曳控制点至合适位置，可调整表格整体的大小，如图6-6所示。

图 6-6

知识点拨

用户还可以在功能区中调整表格的行高与列宽，首先选中要调整的单元格，在"表格工具–布局"选项卡的"单元格大小"选项组中输入单元格的行高和列宽值即可。

3. 插入行和列

如果需要在表格中插入行或列，可选中需调整的行或列，在"表格工具-布局"选项卡的"行和列"选项组中，根据需要单击"在上方插入""在下方插入""在左侧插入""在右侧插入"这四个按钮中任意一个即可，如图6-7所示。

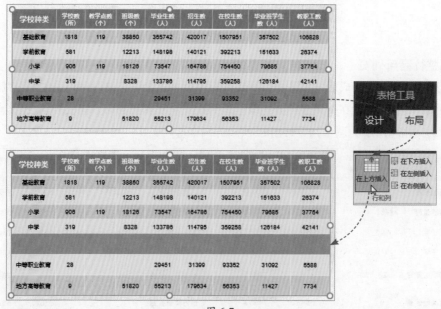

图 6-7

如果需要插入多行或多列，可先选择相应的行或列，再根据需要单击"在上方插入"或"在左侧插入"等相应按钮即可，如图6-8所示。

PPT办公应用标准教程——设计、制作、演示（全彩微课版）

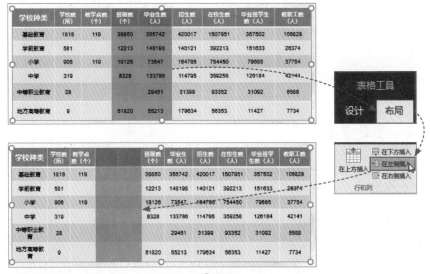

图 6-8

4. 合并和拆分单元格

合并单元格的方法是，选择两个或多个相邻的空白单元格，在"表格工具-布局"选项卡的"合并"选项组中单击"合并单元格"按钮，如图6-9所示。

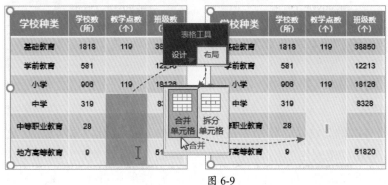

图 6-9

如果要将一个单元格拆分成多个，只需选择单元格，在"合并"选项组中单击"拆分单元格"按钮，在打开的同名对话框中输入拆分后的列数和行数，如图6-10所示。

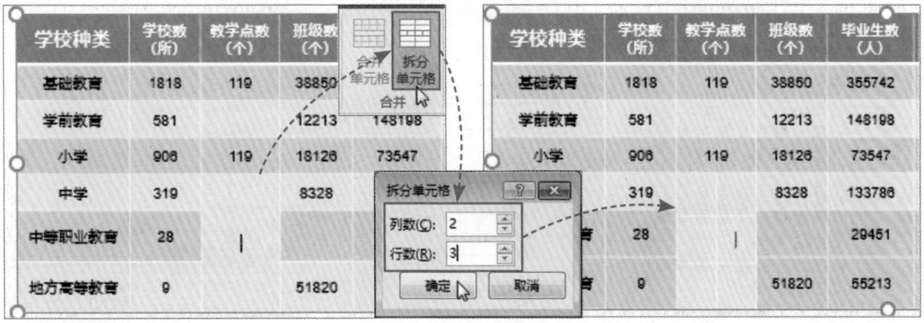

图 6-10

想要删除多余的行或列，可先选择目标行或列中的任意单元格，在"表格工具–布局"选项卡中单击"删除"下拉按钮，从列表中选择相应的删除选项即可。用户也可以选择行或列后直接按退格键（Backspace）来删除。

6.1.3 美化表格

默认情况下，插入表格后，表格的样式会以内置样式显示。如果用户对其样式不满意，可进行修改。

1. 替换为其他内置表格样式

替换为其他内置表格样式的方法是，选中表格，在"表格工具-设计"选项卡的"表格样式"选项组中单击"其他"下拉按钮，从列表中选择新样式，如图6-11所示。

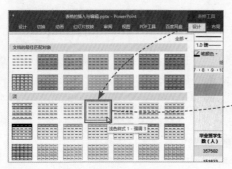

图 6-11

2. 自定义表格样式

自定义表格样式的方法是，选中表格，在"表格工具-设计"选项卡的"绘制边框"选项组中，单击"笔颜色"下拉按钮，选择一种满意的边框颜色，如图6-12所示；单击"笔画粗细"下拉按钮，对边框线的粗细进行设置，如图6-13所示；在"表格样式"选项组中单击田▾下拉按钮，从列表中选择一种边框线样式，如图6-14所示。

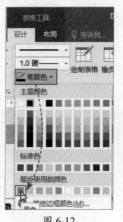
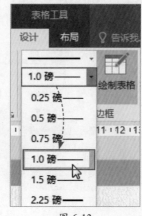

图 6-12　　　　图 6-13　　　　图 6-14

PPT办公应用标准教程——设计、制作、演示（全彩微课版）

如果要添加底纹，可在表格中选择要添加底纹的单元行，在"表格样式"选项组中，单击"底纹"下拉按钮，从列表中选择满意的颜色即可。设置完成后，表格样式会发生相应的变化，如图6-15所示。

图 6-15

注意事项 自定义表格样式时，用户需要根据PPT的整体风格来设定。对于初学者来说，直接选用内置样式就可以了。

动手练 创建课时安排表

下面将利用以上所学知识点，制作一张早教中心课程表。

Step 01 打开本章配套的素材文件，在"插入"选项卡中单击"表格"下拉按钮，插入一个4行8列的表格，如图6-16所示。

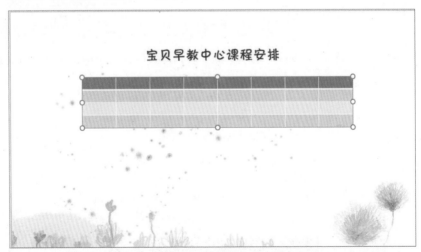

图 6-16

Step 02 输入表格中内容，将指针放置在表格右侧边框线中点上，当指针呈双向箭头时，向右拖动中点至合适位置，即可调整表格整体列宽，如图6-17所示。

图 6-17

Step 03 同样，将指针放置在表格下方中点上，向下拖曳中点至合适位置，调整表格整体的行高，如图6-18所示。

图 6-18

Step 04 在"表格工具-设计"选项卡的"表格样式"选项组中，选择一种合适的内置样式，如图6-19所示。

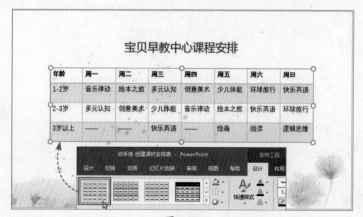

图 6-19

Step 05 选中表格，在“表格工具-布局”选项卡的“对齐方式”选项组中，依次单击“居中”和“垂直居中”按钮，将表格内容居中对齐，如图6-20所示。

宝贝早教中心课程安排
年龄 周一 周二 周三 周四 周五 周六 周日
1-2岁 音乐律动 绘本之旅 多元认知 创意美术 少儿体能 环球旅行 快乐英语
2-3岁 多元认知 创意美术 少儿体能 音乐律动 绘本之旅 快乐英语 环球旅行
3岁以上 —— —— 快乐英语 —— 绘画 阅读 逻辑思维
表格工具
登录
设计
布局
文字方向
单元格边距
对齐方式

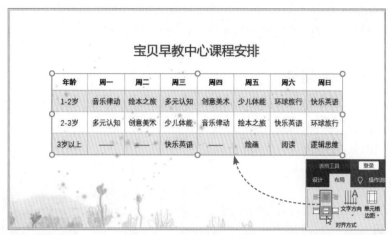

图 6-20

Step 06 保持表格选中状态，在“开始”选项卡的“字体”选项组中对表格的文本格式进行设置。利用文本框，输入备注内容并设置好格式，如图6-21所示。至此，早教中心课程表制作完毕。

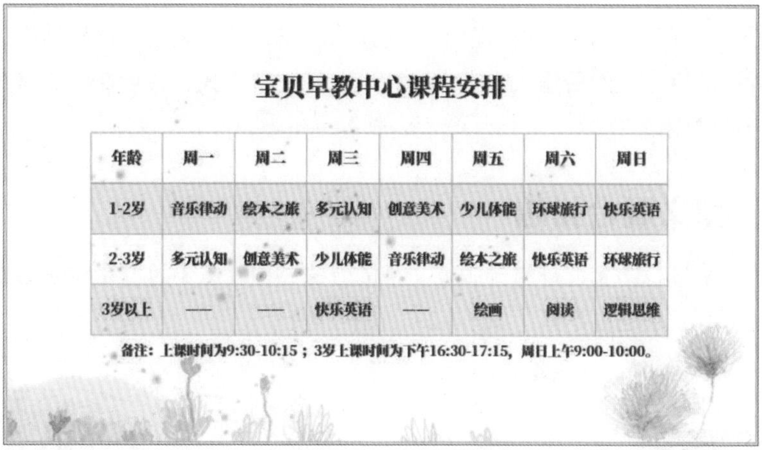

宝贝早教中心课程安排
年龄 周一 周二 周三 周四 周五 周六 周日
1-2岁 音乐律动 绘本之旅 多元认知 创意美术 少儿体能 环球旅行 快乐英语
2-3岁 多元认知 创意美术 少儿体能 音乐律动 绘本之旅 快乐英语 环球旅行
3岁以上 —— —— 快乐英语 —— 绘画 阅读 逻辑思维
备注：上课时间为9:30-10:15；3岁上课时间为下午16:30-17:15，周日上午9:00-10:00。

图 6-21

注意事项 用户在对表格进行美化时，如果先对其内容格式进行了设置，再套用表格样式，则设置好的格式将被替换。

这一点需要特别注意。建议用户在美化表格时，先套用表格样式，再设置内容格式，避免重复操作。

6.2 利用表格排版

上一节介绍了表格的基础应用，下面将向用户介绍表格的高级用法——页面排版。利用表格来排版，可以快速对齐页面内容，使页面显得整洁、大方。

6.2.1 纯文字排版

对于纯文字页面来说，文字对齐与否比较重要，整齐的文字会让页面显得干净、清爽。凌乱的文字会降低内容的可读性。文字对齐的方法有很多种，下面将向用户介绍如何利用表格来对齐文字内容，如图6-22所示。

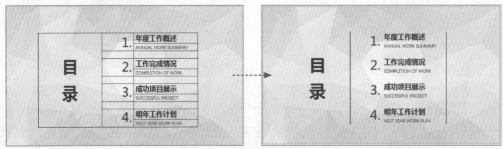

图 6-22

利用表格排版文字的方法很简单，首先插入表格，调整表格的框架结构，该合并的合并，该拆分的拆分；然后输入文字内容，设置好文字格式；最后保留所需边框线，将其他框线隐藏即可。

6.2.2 图文混合排版

利用表格来进行图文混排与排版纯文字的方法相似，只不过它是将表格中部分文字替换成图片，其效果也很不错，如图6-23、图6-24所示。

图 6-23

图 6-24

要想在表格中插入图片，只需选中某个单元格后右单击，在快捷菜单中选择"设置形状格式"选项，打开相应的窗格。在"填充"列表中单击"图片或纹理填充"单选按钮，然后在打开的对话框中选择图片即可，如图6-25所示。

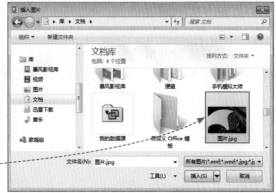

图 6-25

动手练 制作简历基本信息页

扫码看视频

下面将以制作个人简历信息页为例，介绍表格排版的具体操作。

Step 01 打开本章配套的素材文件，在"插入"选项卡中单击"表格"下拉按钮，插入一个6行4列的表格，如图6-26所示。

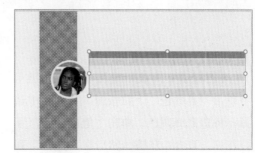

图 6-26

Step 02 使用鼠标拖曳的方法，或者在"表格工具-布局"选项卡中，输入表格具体的高度和宽度值，调整好表格的大小和位置，如图6-27所示。

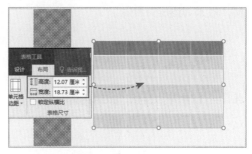

图 6-27

Step 03 选中表格，在"表格工具-设计"选项卡的"表格样式"列表中，选择"无样式，网格型"样式，并在表格中输入文字内容，如图6-28所示。

图 6-28

117

Step 04 将第一行单元格合并。使用鼠标拖曳的方法，适当调整表格的列宽，然后设置文字的格式以及对齐方式，如图6-29所示。

图 6-29

Step 05 选中表格，在"表格样式"选项组中单击"边框"按钮，从列表中选择"无框线"，设置后的效果如图6-30所示。

图 6-30

Step 06 在"表格工具-设计"选项卡中单击"笔颜色"下拉按钮，从列表中选择一种边框线颜色；单击"笔画粗细"下拉按钮，选择2.25磅，然后在"边框"列表中，选择"上框线"和"下框线"选项，效果如图6-31所示。

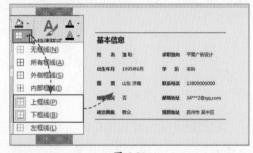

图 6-31

Step 07 再次将"笔画粗细"设为1磅。然后选中表格首行，在"边框"列表中，选择"下框线"选项，效果如图6-32所示。

图 6-32

6.3 图表的创建与编辑

图表是用图形来表示各类数据关系与逻辑关系，它比表格数据更直观。它可以让复杂的数据关系变得可视化、清晰化、形象化。下面将对图表的一些基本操作进行简单介绍。

6.3.1 创建图表

创建图表的方法是，在"插入"选项卡中单击"图表"按钮，打开"插入图表"对话框，在此选择一种图表类型，单击"确定"按钮，随即在页面中会插入一张图表，并打开Excel表格窗口；在Excel表格中输入图表数据，输入过程中，图表中的数据系列会随之发生变化，输入完成后关闭Excel表格即可完成图表的创建操作，如图6-33所示。

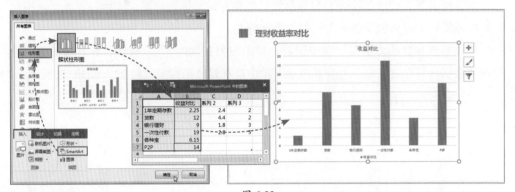

图 6-33

知识点拨

PPT中的图表类型有很多，常用的有柱形图、折线图、条形图、饼图等。每种图表都表达不同的数据关系。柱形图一般用于显示一段时间内的数据变化；折线图用于显示随时间变化的连续数据；条形图用于比较多个类别的数据；饼图则用于显示一系列数据中各项的比例大小，表明整体与局部之间的比例关系。

6.3.2 编辑图表

在日常工作中，如果需要对创建好的图表进行修改，可通过"图表工具-设计"选项卡中的相关功能来实现。

1. 更改图表数据

如果需要对图表中的数据进行更改，只需选中图表，在"图表工具-设计"选项卡中单击"编辑数据"下拉按钮，从列表中选择"编辑数据"选项，打开相应的Excel编辑窗口，在此更改数据即可，如图6-34所示。更改完成后，图表数据会自动更新。

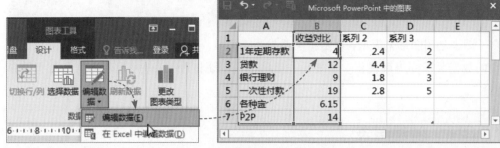

图 6-34

注意事项 在Excel编辑窗口中，所有带底纹的数据都会显示出来，没有底纹的数据不会显示。

2. 添加数据标签

默认情况下，创建的图表会显示标题、横坐标轴、纵坐标轴、图例四种元素。用户可以根据实际需要添加其他元素，例如数据标签。

添加数据标签的方法是，选中图表，单击图表右侧的"+"按钮，在其快捷菜单中勾选"数据标签"复选框，并在其级联菜单中选择好数据标签的位置，如图6-35所示。

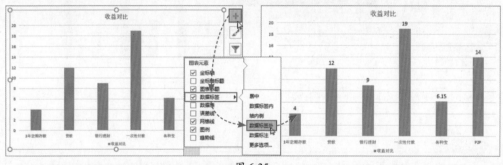

图 6-35

选中添加的数据标签，在"开始"选项卡的"字体"选项组中，可以对数据标签的文字格式进行设置。

3. 更改图表类型

如果创建的图表类型不太合适，用户可以更改。具体方法是在"图表工具-设计"选项卡中单击"更改图表类型"按钮，在打开的"更改图表类型"对话框中，选择新的图表类型，单击"确定"按钮，如图6-36所示。

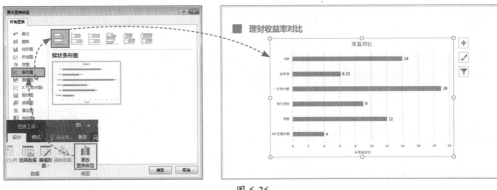

图 6-36

6.3.3　美化图表

图表创建好后，用户可以使用内置的图表样式快速美化图表，也可以自定义图表样式进行美化，其操作与美化表格的类似。

设置图表样式的方法是，选中图表，在"图表工具-设计"选项卡的"图表样式"选项组中选择一种内置的样式，此时图表样式即发生了变化。若单击"更改颜色"下拉按钮，从列表中选择一种满意的颜色组合，可对当前图表颜色进行更改，如图6-37所示。

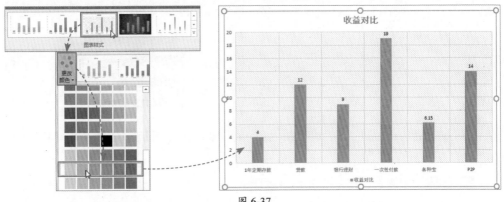

图 6-37

除此之外，用户还可在"图表工具-格式"选项卡的"形状样式"选项组中，通过"形状填充""形状轮廓""形状效果"三个选项进行图表的自定义设置，如图6-38所示。

图 6-38

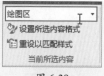

图 6-39

动手练 创建一季度新品销售图表

下面将综合图表功能的相关知识点，制作一张新品销售图表。

Step 01 打开本章配套的素材文件。在"插入"选项卡的"插图"选项组中单击"图表"按钮；在打开对话框中的"条形图"界面选择一种样式，单击"确定"按钮，如图6-40所示。

Step 02 在随后打开的Excel编辑窗口中输入图表数据，输入完成后关闭Excel编辑窗口，返回至PPT界面，如图6-41所示。

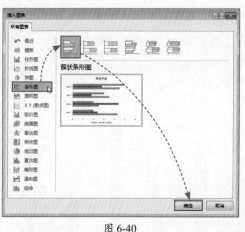

图 6-40

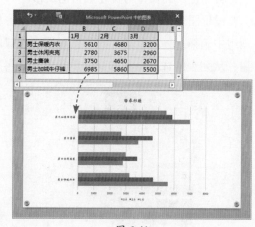

图 6-41

Step 03 选中图表，在"图表工具-设计"选项卡中单击"快速布局"下拉按钮，从列表中选择满意的布局样式，即可更改当前图表布局，如图6-42所示。

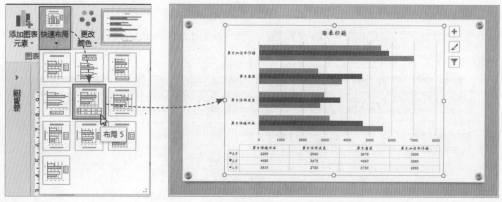

图 6-42

Step 04 在"图表样式"选项组中选择一种样式，更改当前图表样式，如图6-43所示。

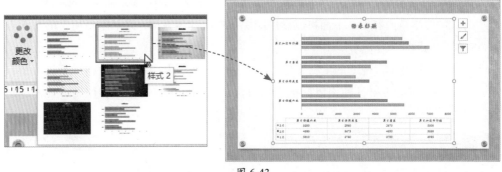

图 6-43

Step 05 选中标题文本框，输入图表标题并设置好其文字格式。选中纵坐标区域以及图例区，在"字体"选项组中设置好字体格式，结果如图6-44所示。

Step 06 选中图表，单击其右侧的"+"按钮，在打开的列表中勾选"数据标签"复选框，并调整好数据标签的文字大小，如图6-45所示。

图 6-44

图 6-45

Step 07 再次选中图表，单击右侧的"+"按钮，打开图表元素列表，选择"坐标轴"复选框，并在其级联菜单中取消勾选"主要横坐标轴"复选框，隐藏图表横坐标轴，如图6-46所示。

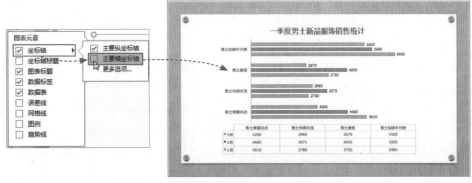

图 6-46

至此，一季度新品销售统计表制作完成。

案例实战：分析二季度网课销售情况

通过学习本章内容后，下面将以制作网课销售统计表为例，来对本章所学的知识点进行总结和巩固。

Step 01 打开本章配套的素材文件，在"插入"选项卡中单击"表格"下拉按钮，插入一个7行2列的表格，使用鼠标拖曳的方法，调整好表格的大小和位置，如图6-47所示。

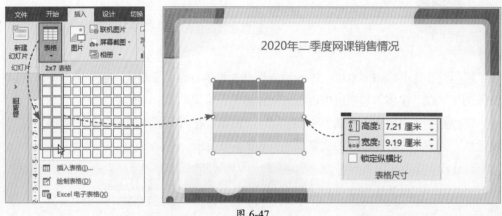

图 6-47

Step 02 选中表格，将其样式设为"无样式，网格型"。选中首行，在"表格样式"选项组中单击"底纹"按钮，从列表中选择一种底纹颜色，如图6-48所示。

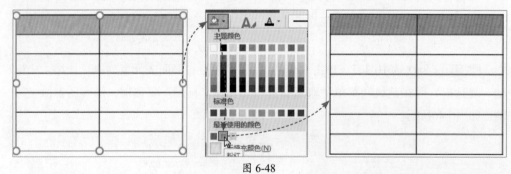

图 6-48

Step 03 按照同样的方法，选择其他单元行，设置好底纹颜色，如图6-49所示。

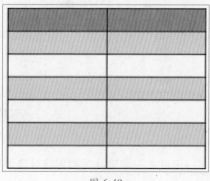

图 6-49

PPT办公应用标准教程——设计、制作、演示（全彩微课版）

Step 04 选中表格，在"边框"下拉列表中选择"无边框"，将表格边框隐藏起来，如图6-50所示。

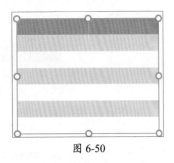

图 6-50

Step 05 保持表格选中状态，在"表格工具-设计"选项卡中单击"笔颜色"按钮，设置好边框颜色；在"边框"列表中分别选择"内部横框线"和"下框线"，设置好表格边框，结果如图6-51所示。

图 6-51

Step 06 输入表格内容，设置好内容格式及对齐方式，如图6-52所示。

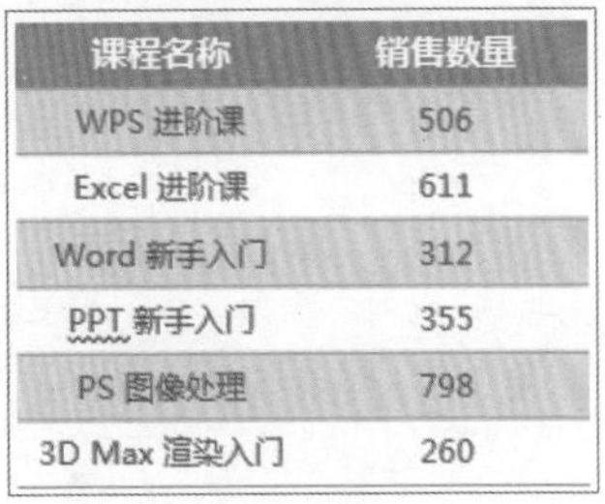

课程名称	销售数量
WPS 进阶课	506
Excel 进阶课	611
Word 新手入门	312
PPT 新手入门	355
PS 图像处理	798
3D Max 渲染入门	260

图 6-52

Step 07 在"插入"选项卡中单击"图表"按钮，打开"插入图表"对话框，在"条形图"界面选择一种样式，单击"确定"按钮，如图6-53所示。

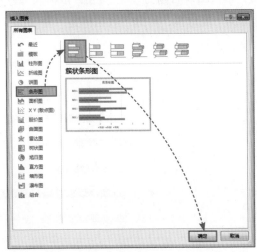

图 6-53

Step 08 在打开的Excel编辑窗口中，输入图表数据，如图6-54所示。

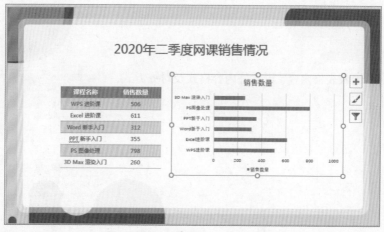

图 6-54

Step 09 使用鼠标拖曳的方法，调整好图表的大小和位置，如图6-55所示。

图 6-55

Step 10 选中图表，单击图表右侧的"+"按钮，取消勾选"主要横坐标轴""图表标题""网格线"和"图例"复选框，勾选"数据标签"复选框，设置图表的元素，结果如图6-56所示。

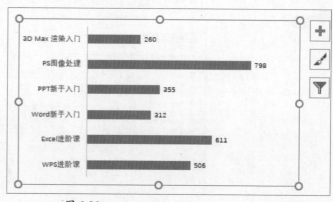

图 6-56

Step 11 选中图表中的数据系列，在"图表工具-格式"选项卡的"形状样式"选项组中，设置好数据系列的填充颜色，并为其添加阴影效果，结果如图6-57所示。

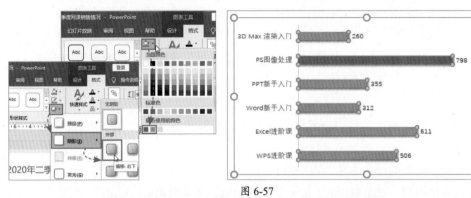

图 6-57

Step 12 选中纵坐标轴区域和数据标签，在"开始"选项卡的"字体"选项组中设置其字体格式。至此，二季度网课销售情况统计图表制作完成，效果如图6-58所示。

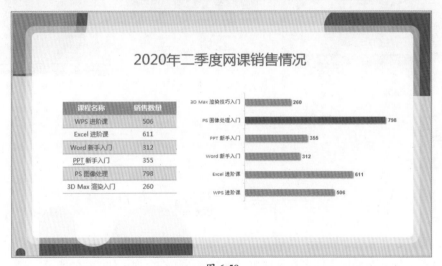

图 6-58

知识点拨

　　用户在选择图表的数据系列时，单击任意数据系列，可将数据系列全部选中；若只想选择某一数据系列，在该组数据系列上单击两次即可，切记勿双击。

如何利用手机对PPT中的表格进行修改编辑呢？方法很简单。下面介绍具体的操作方法。

Step 01 利用手机Office软件打开"入园数量统计"文稿，选择要编辑的表格，双击首个单元格，在底部工具栏中单击▥按钮，此时该单元格下方将插入一个空白行，如图6-59所示。

Step 02 双击插入的空白单元格，随即进入编辑状态，在此输入单元格内容，如图6-60所示。

Step 03 按照同样的方法，双击第1列最后一个单元格，并在其下方插入一个空白行，输入表格内容，双击空白处，完成表格的编辑，效果如图6-61所示。

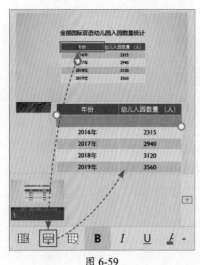

图 6-59

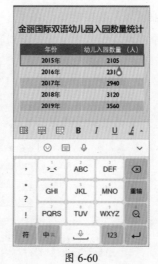

图 6-60

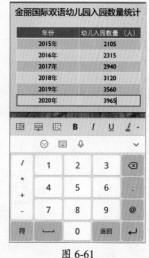

图 6-61

如果需要在表格中插入空白列，其方法与插入空白行相似，双击选择单元格，在底部工具栏中单击▥按钮，即可在被选单元格右侧添加空白列，如图6-62所示。

对于多余的空白行或空白列，用户可以进行删除。选中要删除的行或列中任一单元格，在底部工具栏中单击▥按钮，在打开的列表中根据需要选择删除选项即可，如图6-63所示。

无论是计算机端还是手机端，只要在表格中删除一列，表格的列宽就会发生变化，用户可以对其列宽进行调整。具体方法是，选中表格，单击工具栏右侧三角形按钮，在打开的列表中选择"自动调整"选项，此时被选中的表格列宽做了相应调整，如图6-64所示。

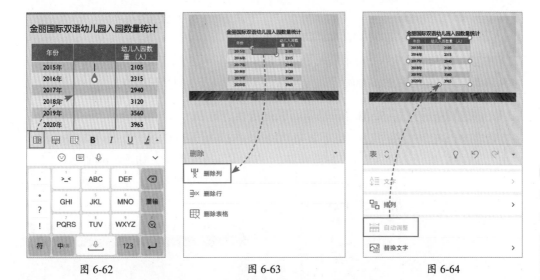

图 6-62   图 6-63   图 6-64

如果需要对表格样式进行设置，只需选中表格，单击工具栏中的囲按钮，在打开的"表格样式"列表中选择满意的样式即可，如图6-65所示。

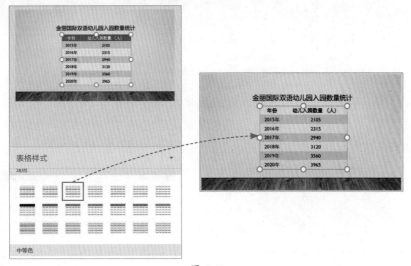

图 6-65

通过对本章内容的学习，相信大家对表格和图表的基本操作有了大致的了解。下面将针对工作中一些常见的疑难问题进行解答，以便巩固所学的知识内容。

1. Q：表格创建好后，如何对表格中的数据进行计算？

A： 在PPT中只有利用Excel电子表格功能插入的表格是可以进行数据计算的，双击表格，系统会进入Excel编辑窗口，在此可以进行计算，如图6-66所示。完成后，双击页面空白处，返回PPT，表格数据已出现计算结果。除此之外，以其他方式插入的表格均无法直接计算。

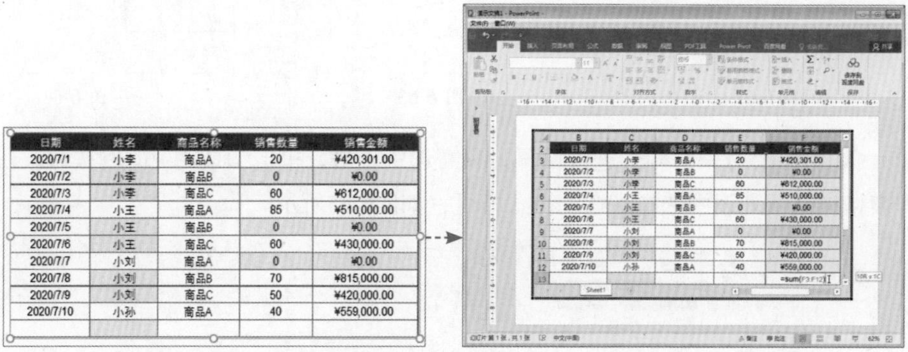

图 6-66

2. Q：在 PPT 中可以直接插入制作好的 Excel 表格吗？

A： 当然可以。先在Excel软件中全选并复制表格内容，然后在幻灯片中右击，在弹出的"粘贴选项"中单击"嵌入"图标即可，如图6-67所示。

图 6-67

3. Q：如何删除图表中多余的数据？

A： 右击图表，在弹出的快捷菜单中选择"编辑数据"选项，并在级联菜单中选择"在Excel中编辑数据"选项，在打开的Excel编辑窗口中选择要删除的数据，按Delete键将其删除即可。

第7章
音、视频的添加与应用

在PPT中添加音频或视频元素，可以为PPT增添光彩，也能给观众带来听觉和视觉上的享受。当然，音频和视频的选用也是有一定原则的，设计者需根据主题内容来决定。本章将介绍在幻灯片中添加音、视频的相关操作。

P 7.1 音频文件的添加

在制作PPT时，用户可根据需要插入音频文件，例如背景乐、旁白或其他声音文件等。以此来烘托现场气氛，吸引观众的注意力。本小节将介绍如何在PPT中添加音频文件的操作。

7.1.1 插入本地音频

插入音频文件的方法为，单击"插入"选项卡的"音频"下拉按钮，从列表中选择"PC上的音频"选项，在打开的"插入音频"对话框中选择所需音频文件，单击"插入"按钮，此时在PPT页面中会显示 图标和音频播放器，说明音频文件添加成功，如图7-1所示。

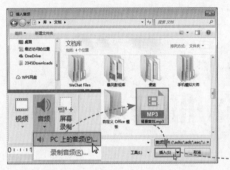

图 7-1

单击播放器中的▶按钮，即可试听当前音频文件，如图7-2所示。单击播放器右侧 按钮，可以调整音频的音量，如图7-3所示。

图 7-2   图 7-3

注意事项 通常音频播放器是不会显示的。若需显示，将指针移至 图标上。一般情况下播放器用不着。在放映PPT时，默认为单击鼠标就可以播放音频文件。

7.1.2 插入录制音频

如果需要对当前幻灯片中的内容进行解释说明，可以录制旁白。具体方法是，在"音频"列表中选择"录制音频"选项，打开"录制声音"对话框；在"名称"文本框中对当前要录制的声音进行命名，单击 按钮即可开始录制，如图7-4所示。录制结束后，单击 按钮停止声音的录制工作，如图7-5所示。

图 7-4

图 7-5

单击"录制声音"对话框的按钮，可以试听录制的旁白，单击"确定"按钮后，系统会自动在当前幻灯片中插入旁白，如图7-6所示。

图 7-6

知识点拨

要清除幻灯片中的音频，可选中◀图标，按Delete键将其删除即可。

P 7.2 编辑音频文件

插入音频文件后，通常需要对其进行一些必要的编辑操作，例如设置音频文件的开始播放方式、音频播放模式以及对音频进行裁剪等。下面对这些操作进行简单介绍。

▌7.2.1 设置音频播放参数

默认情况下，在放映幻灯片时，只有单击才可播放插入的音频。如果想自动播放音频，可选中◀图标，在"音频工具-播放"选项卡的"音频选项"中单击"开始"下拉按钮，从列表中选择"自动"选项，如图7-7所示。设置后再放映幻灯片时，系统会自动播放音频，无须单击就可播放了。

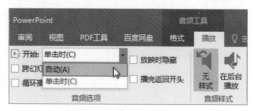
图 7-7

133

插入的音频文件只会在当前幻灯片中播放，一旦切换到下一张幻灯片，音频就会停止。如果想要音频不间断播放，直到幻灯片结束，只需在"音频选项"选项组中勾选"跨幻灯片播放"和"循环播放，直到停止"复选框即可，如图7-8所示。

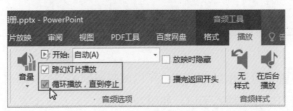

图 7-8

知识点拨

在"音频选项"选项组中勾选"放映时隐藏"复选框后，系统会在放映PPT时，隐藏 图标。

7.2.2 剪辑音频

在PowerPoint中用户还可以对插入的音频进行修剪，例如修剪过长的音频文件。在"音频工具-播放"选项卡的"编辑"选项组中单击"剪裁音频"按钮，打开"剪裁音频"对话框，如图7-9所示。在此，根据需要拖动开始或结束滑块至合适位置，如图7-10所示。单击▶按钮，试听剪辑后的音频，确认无误后单击"确定"按钮即可。

图 7-9

图 7-10

注意事项 "剪辑音频"功能只能对音频文件进行简单修剪，如去头去尾，想剪掉中间某个区域的音频是无法实现的。这时用户只能借助于其他音频剪辑软件来修剪。

动手练 为幻灯片添加背景音乐

下面将结合以上所学的知识，为植物园游记PPT添加背景乐。

Step 01 打开本章配套的素材文件，在"插入"选项卡中单击"音频"下拉按钮，从列表中选择"PC上的音频"选项，打开"插入音频"对话框，选择背景乐，单击"插入"按钮，如图7-11所示。

扫码看视频

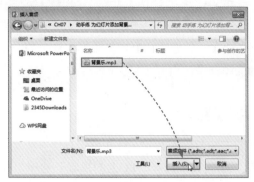

图 7-11

Step 02 此时，在当前幻灯片中会显示▣图标，如图7-12所示。

图 7-12

Step 03 选中▣，在"音频工具-播放"选项卡中单击"剪裁音频"按钮，打开同名对话框，在进度条上拖动右侧结束滑块至合适位置，来对当前音频进行修剪操作；试听无误后，单击"确定"按钮，如图7-13所示。

Step 04 在"音频工具-播放"选项卡的"音频选项"选项组中，将"开始"设为"自动"，勾选"跨幻灯片播放"和"循环播放，直到停止"复选框，设置当前音频文件的播放模式，如图7-14所示。

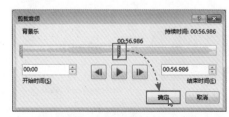

图 7-13

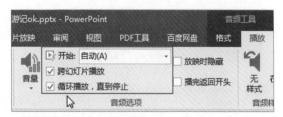

图 7-14

Step 05 设置完成后，按F5键放映当前PPT，检查设置效果。

7.3　视频文件的添加

在PPT中添加视频文件有三种方法，分别是添加本地视频、添加网络视频和屏幕录制。用户可以根据视频的类型来使用。

7.3.1　插入本地视频

插入本地视频文件的方法与插入音频文件相似。具体方法是，在"插入"选项卡中单击"视频"下拉按钮，从列表中选择"PC上的视频"选项，在打开的"插入视频文件"对话框中选择要插入的视频，单击"插入"按钮即可，如图7-15所示。

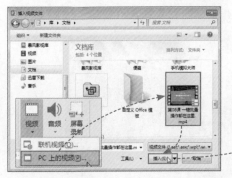

图 7-15

除此之外，用户也可直接将视频文件拖入幻灯片中，同样可完成视频的插入操作。

注意事项 用插入本地视频文件的方法操作起来虽然方便，但需要注意，视频源文件要跟随PPT文件一起传输，否则会出现无法正常播放的情况。当然音频文件的插入也不例外。

插入视频文件后，用户可以对视频窗口大小进行调整。其方法与调整图片大小相同。将指针放置于视频窗口任意一个对角控制点上，使用鼠标拖曳的方法将其拖到合适位置即可，如图7-16所示。单击视频播放器中的▶按钮即可浏览视频，如图7-17所示。

图 7-16　　　　　　　　　　　　　　　　图 7-17

PPT办公应用标准教程——设计、制作、演示（全彩微课版）

7.3.2 插入屏幕录制视频

PowerPoint的屏幕录制功能非常实用，它与其他屏幕录制软件一样，可以对计算机桌面上所有的操作进行录制。录制完成后，所录制的视频会自动插入到幻灯片中，省去了视频的保存与插入操作，一步到位。

插入屏幕录制视频的方法是，在"插入"选项卡的"媒体"选项组中单击"屏幕录制"按钮，这时屏幕呈半透明状态，并在屏幕上方显示录制工具栏，单击工具栏中的"选择区域"按钮，在屏幕中框选出录制区域，如图7-18所示；单击"录制"按钮随即进入开始录制倒计时，如图7-19所示；录制结束后单击"停止"按钮，此时录制的视频会自动插入至当前幻灯片中，如图7-20所示。

图 7-18　　　　　　　　　　　　　　　　　图 7-19

图 7-20

知识点拨

> 向幻灯片中添加网络视频这种方法使用率不高，因为它有一定局限性。即，插入网络视频后，只有在计算机正常联网的状态下才可以观看，如果脱网或网络不佳是无法播放的。所以对该功能的应用不再介绍。

动手练 利用PPT录制Excel网课

下面将利用屏幕录制功能来录制Excel视频课程，其具体操作如下。

Step 01 打开本章配套的素材文件，在"插入"选项卡中单击"屏幕录制"按钮，此时PowerPoint会最小化显示。在屏幕上方工具栏中，单击"选择区域"按钮，在屏幕中框选录制区域，如图7-21所示。

Step 02 单击"录制"按钮进入录制倒计时，倒计时结束后随即开始录制，如图7-22所示。

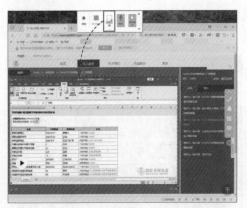

图 7-21

图 7-22

Step 03 在录制过程中，用户可以单击工具栏中的"暂停"按钮，暂停录制，如图7-23所示。

图 7-23

Step 04 录制结束后，单击工具栏中的"停止"按钮即可完成录制操作，此时录制的视频将自动插入至幻灯片中，如图7-24所示。

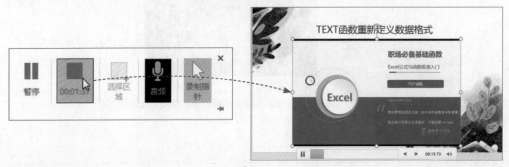

图 7-24

注意事项 如果在使用的计算机系统中没有安装麦克风，录制的视频是无声的，并且在录制过程中，"音频"按钮是无法使用的。只有安装麦克风后，才可以在录制视频时添加声音。

P 7.4 剪辑并美化视频

视频与音频相似，插入视频后，通常也需要对其进行一些必要的编辑美化操作，例如调整视频播放参数、简单修剪视频、美化视频窗口等。下面将分别对其操作进行介绍。

7.4.1 设置视频播放参数

默认情况下，单击视频播放器中的▶按钮才可以放映视频。如果要在放映幻灯片时自动播放视频，只需调整它的开始方式即可。选中视频，在"视频工具-播放"选项卡的"视频选项"选项组中单击"开始"下拉按钮，从列表中选择"自动"选项就可以了，如图7-25所示。在该选项组中，勾选"全屏播放"复选框，可在播放时，使视频以全屏显示。单击"音量"下拉按钮可调整视频音量。

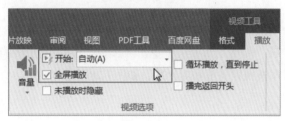

图 7-25

7.4.2 剪辑视频

在"视频工具-播放"选项卡中选择"剪裁视频"选项，打开同名对话框，在此可以对视频进行修剪，其操作方法与修剪音频相同，如图7-26所示。

图 7-26

注意事项 剪辑视频与剪辑音频相似，同样只能进行简单修剪，如掐头去尾。若想精剪，需要使用专业的视频剪辑软件。

7.4.3 美化视频外观

在PowerPoint中用户还可以对视频的外观样式进行美化。具体方法是，选中视频对象，在"视频工具-格式"选项卡的"视频样式"选项组中选择一种满意的内置样式，或通过设置"视频形状""视频边框"和"视频效果"选项进行自定义，如图7-27所示。

图 7-27

除此之外，用户还可以对视频的色调、亮度和对比度进行调整。同样通过在"视频工具-格式"选项卡的"调整"选项组中单击"颜色"下拉按钮来更改视频色调；单击"更正"下拉按钮来调整视频亮度和对比度，如图7-28所示。

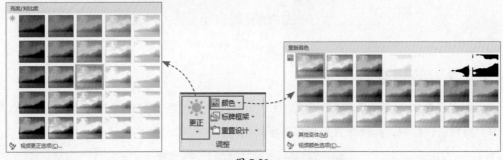

图 7-28

知识点拨

如果想要重新设置视频外观样式，可选中视频，在"视频工具-格式"选项卡的"调整"选项组中单击"重置设计"下拉按钮，从列表中根据需要选择重置选项即可。

案例实战：完善日常教学课件

通过学习本章内容后，下面将以完善Word课件为例，来对本章所学的知识点进行总结和巩固。

Step 01 打开本章配套的素材文件，选中首页幻灯片。在资源管理器中选中背景乐素材文件，将其拖至PPT页面中，如图7-29所示。

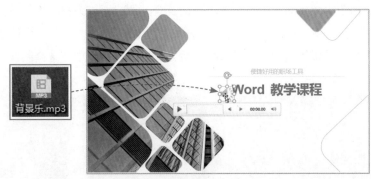

图 7-29

Step 02 选中 图标，将其移动至页面外；在"音频工具-播放"选项卡中将"开始"设为"自动"，勾选"跨幻灯片播放"和"循环播放，直到停止"两个复选框，单击"音量"下拉按钮，从列表中选择"中"选项，如图7-30所示。

Step 03 在"编辑"选项组中选择"剪裁音频"选项，打开同名对话框，在此对当前音频进行修剪操作，如图7-31所示。

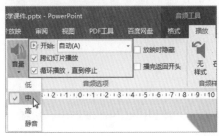

图 7-30

图 7-31

Step 04 选择第3张幻灯片，将视频素材拖至该页面中。拖曳视频窗口任意对角控制点至合适位置，调整视频窗口的大小，如图7-32所示。

图 7-32

Step 05 选中该视频，在"视频工具-播放"选项卡中，勾选"全屏播放"复选框，如图7-33所示。

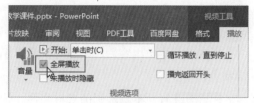

图 7-33

Step 06 由于视频界面是黑色，为了页面美观，用户可以为视频添加封面。具体方法是，选中视频，在"视频工具-格式"选项卡中单击"标牌框架"下拉按钮，从列表中选择"文件中的图像"选项；在打开的"插入图片"对话框中，选择封面图片，单击"插入"按钮，如图7-34所示。

图 7-34

知识点拨

用户还可以在视频中选择好看的画面作为视频封面。选中视频，拖动播放进度条至合适的位置，在"视频工具-格式"选项卡中单击"标牌框架"下拉按钮，从列表中选择"当前框架"选项，如图7-35所示。此时视频暂停的画面被设为封面图像。

图 7-35

Step 07 选中视频，在"视频工具-格式"选项卡的"视频样式"选项组中，选择一种满意的样式，更改当前视频窗口的外观样式，如图7-36所示。

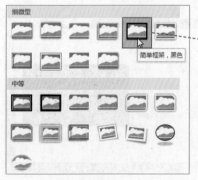 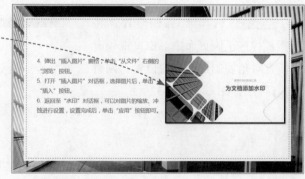

图 7-36

PPT办公应用标准教程——设计、制作、演示（全彩微课版）

下面将利用手机PowerPoint中的相关功能，来为电子相册添加背景乐，其操作如下。

Step 01 利用手机Office软件打开"相册"文稿，单击"编辑"按钮，进入编辑界面；单击下方工具栏右侧的三角形按钮再单击"开始"按钮，在打开的列表中选择"插入"选项，如图7-37所示。

Step 02 在"插入"列表中，选择"音频"选项，接下来根据存储路径找到背景乐文件，单击"确定"按钮，如图7-38所示。

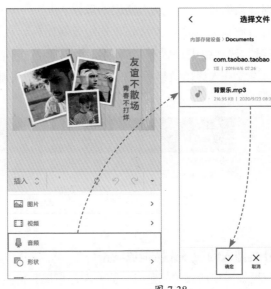

图 7-37　　　　　　　　　　　　　　　　图 7-38

Step 03 此时音频图标就会显示在幻灯片中间位置，选中该图标并将其移到页面外，如图7-39所示。

Step 04 单击页面上方工具栏中的█按钮进入放映状态。用手指滑动该页面可播放背景乐，如图7-40所示。

图 7-39　　　　　　　　　　　　　　　　图 7-40

通过对本章内容的学习，相信大家对音视频的基本操作有了大致的了解。下面将针对工作中一些常见的疑难问题进行解答，以便巩固所学的知识内容。

1. Q：使用"录制音频"功能时，总是提示无法启用，怎么办？

    A：很简单，在使用"录制音频"功能前，一定要确保麦克风与计算机正确连接。试想，如果没有麦克风，计算机如何能够接收声音呢！

2. Q：如何让音频播放时有淡入淡出的效果？

    A：设置音频淡入淡出的方法是，选中音频图标，在"音频工具-播放"选项卡的"编辑"选项组中设置好"淡入"和"淡出"的值即可，如图7-41所示。需注意，设置淡入淡出效果后，音频文件在播放时可能会出现不顺畅的情况，因此建议慎用该功能。

图 7-41

3. Q：为什么插入的视频无法播放呢？

    A：出现视频无法播放的问题时，需要考虑该视频格式是什么。目前PowerPoint支持的视频格式比较多，例如.avi、.wmv、.mpeg等。如果插入的视频格式PowerPoint不支持，最好先将该视频转换成支持的格式，再操作。

4. Q：插入的视频画面是黑色的，怎么办？

    A：该视频很可能本身带有渐入渐出的效果，所以视频的第1帧和最后1帧为黑色。如果用户不想出现此效果，可以利用"标牌框架"功能来为视频添加封面，具体操作可参考前文相关内容。

5. Q：默认的音频图标不太好看，可以美化吗？

    A：完全可以，选中音频图标，在"音频工具-格式"选项卡的"图片样式"和"调整"两个选项组中进行设置即可。但建议不要这样做。因为本身音频图标就不好看，使用美化功能只能改变颜色、样式等，其最终效果还是不太好。其实用户完全可以将音频图标隐藏或移至页面外，这样既不影响页面效果，音频也可以正常播放。

第 **8** 章
动画的设计与应用

在前面主要介绍了静态PPT的制作方法，本章将向读者着重介绍动态PPT的制作，例如，为PPT添加动画；在各幻灯片之间添加切换效果等。为PPT添加动画效果，可以突出重点信息，丰富页面内容，从而激发观众兴致，增加PPT的可读性。

8.1 添加基本动画

无论多么复杂的动画效果，它都是由几个基本动画组合而成的。所以用户在学习为PPT添加动画之前，首先需要掌握四种基本动画的应用操作。

8.1.1 进入和退出动画

进入动画是指设计对象在页面中从无到有，以各种动画形式逐渐出现的过程。具体实现方法是，在幻灯片中，选择需添加动画效果的对象，切换到"动画"选项卡，在"动画"选项组中单击"其他"下拉按钮，在动画列表中的"进入"动画组中选择一种动画效果，被选中的对象随即会自动播放该动画效果，如图8-1所示。

图 8-1

为对象添加动画效果后，该对象左上方会显示标有"1"编号的方框，说明当前对象添加了1个动画效果。同理，在为其他对象添加动画效果后，系统会自动按照添加的先后顺序进行编号，如图8-2所示。在放映PPT时，系统也会按照编号顺序播放动画效果。

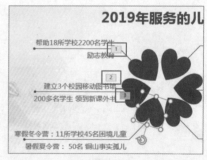

图 8-2

退出动画与进入动画相反，它是指设计对象从有到无，以各种形式逐渐消失的过程。它与进入动画是相互对应的，如图8-3所示。

图 8-3

PPT办公应用标准教程——设计、制作、演示（全彩微课版）

选中设计对象，在动画列表中的"退出"动画组中选择一种动画效果，即可为当前对象添加退出效果，如图8-4所示。

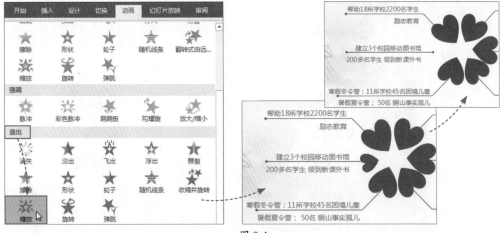

图 8-4

在为设计对象添加动画效果后，用户可通过"效果选项"列表来调整动画运动方向。例如添加"飞入"进入效果后，单击"效果选项"下拉按钮，可以从列表中选择飞入方向，如图8-5所示。

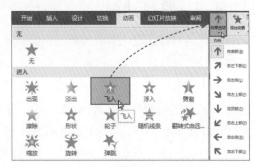

图 8-5

8.1.2 强调动画

如果需要对某对象进行强调，可以使用强调动画效果。具体方法是，选中对象，在"动画"列表的"强调"动画组中选择一种合适的动画效果，如图8-6所示。

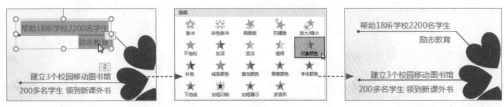

图 8-6

用户还可以对动画设置进行调整。图8-6所示是通过更改文字颜色来强调对象，在"效果选项"列表中可更改其颜色，如图8-7所示。

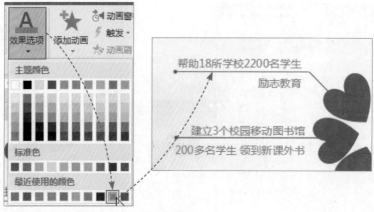

图 8-7

8.1.3 路径动画

路径动画即让设计对象按照预设的轨迹进行运动的动画效果。用户可以使用内置的动作路径也可以自定义动作路径。

选中对象，在"动画"列表的"动作路径"动画组中选择一种路径样式，系统会自动为对象添加运动路径，如图8-8所示。路径中绿色圆点为起点，红色圆点为终点。用户可以根据需要调整这两个圆点的位置。例如，选择图中红色圆点，使用鼠标拖曳的方法向下移动，即可调整终点的位置，如图8-9所示。

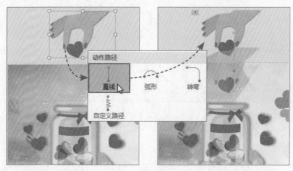

图 8-8

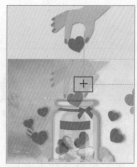

图 8-9

路径调整好后，单击幻灯片空白处即可退出路径编辑状态。单击"预览"按钮，此时，被选中的对象会按照设定好的路径运动，直到结束。

知识点拨

在调整路径过程中，如发现路径方向反了，可右击路径终点，在弹出的快捷菜单中选择"反转路径方向"选项。

PPT办公应用标准教程——设计、制作、演示（全彩微课版）

动手练 为图表添加擦除动画

下面将综合以上所学的知识来制作图表动画。具体操作如下。

Step 01 打开本章配套的素材文件，选中图表对象，在"动画"选项卡的"动画"列表中选择"进入"类型中的"擦除"动画效果，如图8-10所示。

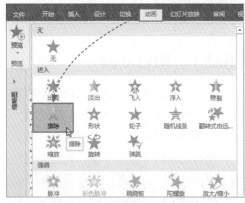

图 8-10

Step 02 在"动画"选项卡中单击"效果选项"下拉按钮，在列表中将擦除方向设为"自左侧"选项，再选择"按类别"选项，如图8-11所示。

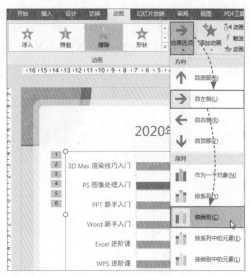

图 8-11

Step 03 在"动画"选项卡中单击"预览"按钮即可预览添加的动画效果，如图8-12所示。

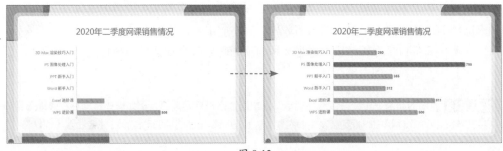

图 8-12

第8章 动画的设计与应用

149

8.2 添加高级动画

在掌握了基本动画的应用后，接下来了解一些高级动画的应用操作，包括组合动画的添加、触发动画的应用以及动画参数的设置等。

8.2.1 组合动画

组合动画就是将一些单一的动画组合在一起，形成一组新的动画效果。简单地说，就是在一组动画上，再叠加另一组动画。PowerPoint中一个对象上可以叠加2个以上的动画。而这样形成的效果远比单一的一组动画要好得多。

组合动画的方法很简单，在"动画"选项组中单击"添加动画"下拉按钮并在其列表中选择即可。下面将以"路径动画"的实例文件为例，来介绍具体操作方法。

Step 01 打开本章的素材文件，可看到在当前幻灯片中，手拿爱心的图片已添加了向下移动的路径动画效果，如图8-13所示。

Step 02 再次选中该图片，在"动画"选项卡的"高级动画"选项组中单击"添加动画"下拉按钮，从列表中选择"淡出"退出动画效果。此时该图片左上角会添加编号"2"，说明该图片已添加了两个动画效果，如图8-14所示。

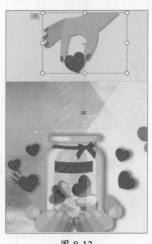
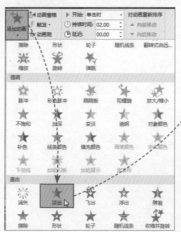
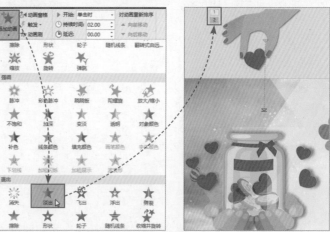

图 8-13 图 8-14

动画添加完成后，单击"预览"图标预览效果，会发现爱心图片有先向下移动然后消失的动画过程。这就是组合动画的效果。虽然简单，但比之前只单一下移的效果要好。

一些优秀的PPT动画都是由这些基本的动画巧妙组合而成的，所以组合动画的难点不在于制作，而在于创意组合。

> **注意事项** 添加的动画一定要符合自然规律，这里所谓自然就是连贯。例如球体运动往往伴随着自身的旋转；两个物体相撞时肯定会发生惯性作用。那些脱离自然规律的动画，往往会让人厌烦。

8.2.2 设置动画顺序和参数

默认情况下，动画需要通过单击才能播放，如果想自动播放动画，需要对动画的一些设置进行调整，包括动画播放顺序和动画参数设置。

1. 调整动画顺序

选中需调整的动画编号，在"动画"选项卡的"高级动画"选项组中单击"动画窗格"按钮，打开动画窗格，在该窗格中会显示当前幻灯片中所有动画项。其中带有★图标的为进入动画项；带有★图标的为退出动画；带有★图标的为强调动画项，如图8-15所示。

在动画窗格中，选择需调整的动画项，按住左键拖曳至目标位置，可对当前动画播放顺序进行调整，如图8-16所示。同时相应的动画编号也会重新排序。

图 8-15

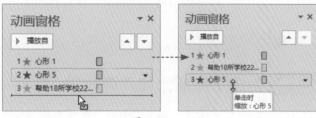

图 8-16

2. 调整动画参数

要想动画呈现出各种不同的效果，就需要对该动画的参数进行一番设置。例如设置动画的开始方式、设置动画的效果、设置动画的计时参数等。

在动画窗格中，右击需调整的动画项，在弹出的快捷菜单中，用户可根据需要来选择设置，如图8-17所示。

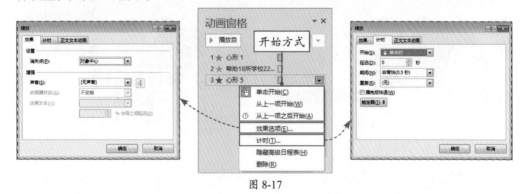

图 8-17

● **单击开始**：该选项为默认动画播放方式。在放映该幻灯片时，需要单击才可播放动画效果。

● **从上一项开始**：该选项是指当前动画与前一个动画同时播放。

● **从上一项后开始**：该选项是指前一个动画结束后，再开始当前动画。

● **效果选项**：选择该选项后会打开设置对话框，在"效果"选项卡中可设置动画运动方向、动画声音、动画播放类型以及动画文本延迟显示等效果。

● **计时**：选择该选项后会打开设置对话框。在"计时"选项卡中，可设置动画的延迟时间、动画持续时间、动画重复次数等选项。

● **隐藏高级日程表**：选择该选项后，会隐藏所有动画项右侧的动画日程，若不选择则显示动画日程，图8-18是显示动画日程的效果，图8-19是隐藏动画日程的效果。

图 8-18

图 8-19

● **删除**：选择该选项后，即可删除当前所选的动画效果。

 注：上方二维码

动手练 为电子相册添加动画效果

下面将综合以上所学的知识，为电子相册添加动画效果。

Step 01 打开本章配套的素材文件，选择左侧图片，为其添加"飞入"动画效果，如图8-20所示。

Step 02 单击"效果选项"下拉按钮，从列表中选择"自左侧"选项。将其他两张图片同样添加"飞入"动画效果，并将右侧图片的"飞入"方向设为"自右侧"，如图8-21所示。

图 8-20

图 8-21

Step 03 将页面中装饰图形添加"淡出"动画效果，然后将标题文字添加"缩放"动画效果。单击"动画窗格"按钮，打开相应的设置窗格，在此可查看所有动画项，如图8-22所示。

Step 04 在窗格中选择所有动画项（除背景乐外），右击，在弹出的快捷菜单中选择"从上一项之后开始"选项，调整这些动画的开始方式，如图8-23所示。

图 8-22 图 8-23

Step 05 单击"全部播放"按钮预览设置的动画效果。

P 8.3 添加页面切换动画

以上介绍的动画功能主要用于单张幻灯片，要想在多张幻灯片中实现无缝切换效果，就需要用到切换动画功能了。在"切换"选项卡的"切换到此幻灯片"选项组中，单击"其他"下拉按钮，在打开的列表中，用户可以根据需要选择合适的切换动画，如图8-24所示。

图 8-24

8.3.1 切换类型

经过版本的更新换代，目前PowerPoint提供的切换动画已达40多种，按照类型划分，可分为细微型、华丽型和动态内容型三大类。

● **细微型**。包含近11种切换形式，如"切出""淡出""推进""擦除""分割""显示"等。这一类型的效果给人以舒缓、平和的感受，图8-25是"淡入淡出"效果，图8-26是"随机线条"的效果。

图 8-25 图 8-26

● **华丽型**。包含近29种切换形式，如"跌落""悬挂""溶解""蜂巢""棋盘""翻转""门"等。华丽型与细微型相比，其切换动画要相对复杂一些，视觉效果更强烈，图8-27是"涡流"效果，图8-28是"帘式"的效果。

153

图 8-27　　　　　　　　　　　　　　　图 8-28

● **动态内容**。包含"平移""摩天轮""传送带""旋转""窗口""轨道"和"飞过"七种切换形式。这一类型的效果给人以空间感，主要用于文字或图片元素，图8-29是"轨道"效果；图8-30是"旋转"效果。

图 8-29　　　　　　　　　　　　　　　图 8-30

8.3.2　设置效果参数

与设置动画效果一样，切换动画也可以通过"效果选项"来调整效果的方向。具体方法是，选中需调整切换动画参数的幻灯片，在"切换"选项卡中单击"效果选项"下拉按钮，从列表中选择新的切换方向即可，如图8-31所示。

在"切换"选项卡的"计时"选项组中，用户可为切换效果添加音效、设置切换时间以及切换方式，如图8-32所示。

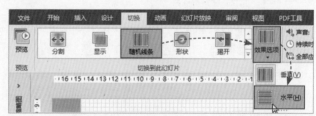

图 8-31

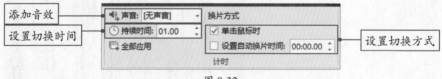

图 8-32

在该选项组中，单击"全部应用"按钮可将当前切换效果统一应用至其他幻灯片上。这样可以避免用户重复设置，节省时间，提高效率。

注意事项　一套PPT尽量使用一种切换动画，切勿为了追求炫目，为每张幻灯片设置不同的切换效果。事实上这样频繁地变换只会起到反作用。

案例实战：为语文课件添加动画效果

下面将以语文课件为例，添加适合的动画效果，使课件内容和形式丰富起来。

Step 01 打开本章配套的素材文件，选中首页幻灯片的主标题，为其添加"飞入"效果，并将其"效果选项"设为"自顶部"，如图8-33所示。

Step 02 同样为副标题也添加"飞入"效果，"效果选项"设为默认，如图8-34所示。

图 8-33

图 8-34

Step 03 选择直线图形为其添加"缩放"进入效果，"效果选项"设为默认，如图8-35所示。

Step 04 打开动画窗格，选择所有动画项，右击，在弹出的快捷菜单中选择"从上一项开始"选项，设置好动画的开始方式，如图8-36所示。

图 8-35

图 8-36

Step 05 右击主标题动画项，在弹出的快捷菜单中选择"效果选项"，打开"飞入"对话框，将"动画文本"设为"按字/词"，其他保持默认设置不变，如图8-37所示。

Step 06 按照同样的方法，将副标题动画项的"动画文本"也设为"按字/词"。单击"全部播放"按钮，浏览设置的效果，如图8-38所示。

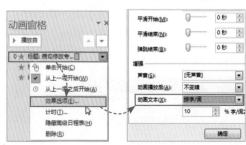

图 8-37

图 8-38

Step 07 选择第3张幻灯片，选中正文内容，为其添加"字体颜色"强调效果，如图8-39所示。

Step 08 在动画窗格中，右击该动画项，在弹出的快捷菜单中选择"效果选项"，在打开的"字体颜色"对话框中，将"动画文本"设为"按字母"，将字母之间延迟设为"5"，如图8-40所示。

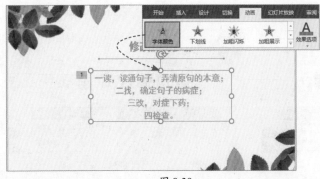

图 8-39

图 8-40

Step 09 选择尾页幻灯片，将文字和直线都添加"飞入"动画效果，并将"效果选项"设为"自左侧"，如图8-41所示。

Step 10 在动画窗格中，全选动画项后右击，在弹出的快捷菜单中选择"从上一项开始"。再次选择所有动画项后右击，在弹出的快捷菜单中选择"效果选项"，在打开的对话框中，将"弹跳结束"设置为0.19秒，如图8-42所示。

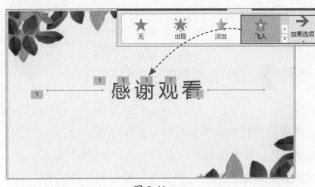

图 8-41

图 8-42

Step 11 选中首张幻灯片，在"切换"选项卡中选择"轨道"切换效果，然后单击"全部应用"按钮，将该切换效果应用至所有幻灯片中，如图8-43所示。至此，语文课件动画效果添加完毕。用户可按F5键查看最终的动画效果。

图 8-43

PPT办公应用标准教程——设计、制作、演示（全彩微课版）

手机办公：为过渡页添加动画效果

下面将利用手机PowerPoint中的相关功能为岗前培训的过渡页添加简单动画，具体操作如下。

Step 01 利用手机Office软件打开"岗前培训"文稿，单击"编辑"按钮，进入编辑界面；单击下方工具栏右侧三角形按钮，再单击"开始"按钮；在打开的列表中，选择"动画"选项，如图8-44所示。

Step 02 在页面中选择图片，在"动画"列表中选择"进入效果"选项，并在其级联菜单中选择"飞入"效果，如图8-45所示。

Step 03 返回"动画"列表，选择"效果选项属性"选项，并在其级联菜单中选择"自左侧"选项，设置图片飞入方向，如图8-46所示。

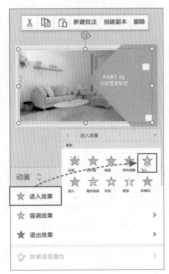

| 图 8-44 | 图 8-45 | 图 8-46 |

Step 04 按照同样的方法，将右侧图形添加"飞入"效果，并将"效果选项属性"设为"自右侧"。

Step 05 单击手机返回按钮，返回到主界面，单击页面上方工具栏中"放映"图标按钮，进入放映状态。手指滑动该页面，即可预览动画效果，如图8-47所示。

图 8-47

新手答疑

通过对本章内容的学习，相信大家对动画的基本应用有了大致的了解。下面将针对工作中一些常见的疑难问题进行解答，以便巩固所学的知识内容。

1. Q：在动画列表中，没有找到字幕动画，怎么办？

　　A： 一般动画列表中存放的是一些常用的动画效果，如果没有找到合适的动画效果，可以在该列表中选择"更多进入效果""更多强调效果"等选项，在打开的"更改进入效果"对话框中选择即可，如图8-48所示。

图 8-48

2. Q：动画刷是什么？怎么用？

　　A： 动画刷是复制动画效果用的。利用动画刷可以快速复制出多个相同的动画效果，无须用户一个个重复设置。其操作也很简单：先选中原动画，单击"动画刷"按钮，此时鼠标指针变成小刷子形状，然后单击目标对象即可完成动画的复制操作，如图8-49所示。

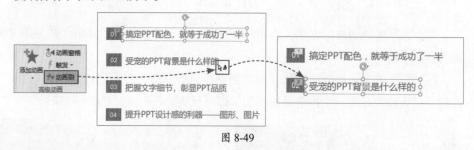

图 8-49

3. Q：如何删除 PPT 中的动画效果？

　　A： 在"幻灯片放映"选项卡中单击"设置幻灯片放映"按钮，在打开的对话框中勾选"放映时不加动画"复选框即可。此时放映时不会播放动画效果，但PPT中的动画是存在的。如果只是想删除某页中的动画效果，只需选中动画序号，按Delete键即可。

第**9**章

PPT的放映与输出

　　不少人认为放映PPT很简单，按F5键，或者单击放映按钮就可以了。其实不然，放映PPT还是有很多窍门的。例如，在放映时，如何跳转到指定页面，如何让它自动放映等。本章将向读者介绍PPT放映、输出的一些技巧。

P 9.1 页面超链接

对于内容较多，结构较为复杂的PPT，适当添加一些页面链接，可以帮助浏览者迅速找到想要获取的信息。PPT链接大致分为内部链接和外部链接两类。下面将分别对其应用进行简单介绍。

9.1.1 添加内部链接

内部链接其实就是各幻灯片之间的链接。例如PPT在放映过程中，想要快速跳转到指定页面，就要对指定对象进行超链接设置。否则一页页地翻找，其效率低下。那么如何添加内部链接呢？下面将介绍具体操作。

在页面中选择需设置超链接的内容，在"插入"选项卡的"链接"选项组中单击"超链接"按钮，在"插入超链接"对话框中选择"本文档中的位置"选项，并在右侧幻灯片列表中选择链接的目标页面，如图9-1所示。

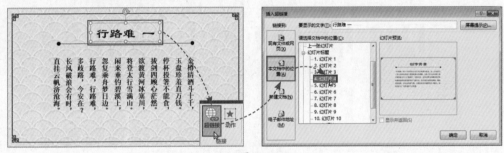

图 9-1

设置完成后，单击"确定"按钮，此时被选中的内容颜色已发生了变化，并在下方添加了下画线，提示该位置有链接，如图9-2所示。当放映该幻灯片时，将指针放置在链接项上，指针会变成手指形状，单击该链接，随即会跳转至相应的幻灯片中，如图9-3所示。

图 9-2

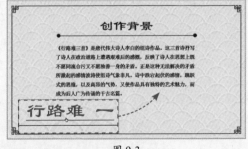

图 9-3

知识点拨

右击要链接的内容，在弹出的快捷菜单中选择"超链接"选项，也可进行超链接设置操作。

9.1.2 添加外部链接

所谓外部链接，就是将幻灯片中的内容链接到其他应用程序（Word、Excel、PowerPoint、记事本等）建立的文件或网页上。这样设置一方面缩减PPT文件的体积，另一方面方便用户随时调用。需要注意的是，被链接到的文件必须随PPT一起保存，否则将无法完成链接。

在幻灯片中选择需设置超链接的内容，单击"超链接"按钮，打开"插入超链接"对话框，选择"现有文件或网页"选项，并选择要链接的目标文件，单击"确定"按钮即可，如图9-4所示。

图 9-4

注意事项 为文字内容添加超链接后，文字的属性将会变化，而为图片或图形添加超链接，它们是不会有变化的。

9.1.3 编辑链接项

超链接添加完成后，用户可以为其链接选项进行编辑，例如更改链接源、更改链接文本颜色、取消链接等。

1. 更改链接源

更改链接源的方法是，选择需编辑链接项的内容，右击，在弹出的快捷菜单中选择"编辑超链接"选项，在打开的"编辑超链接"对话框中重新选择目标对象，单击"确定"按钮即可，如图9-5所示。

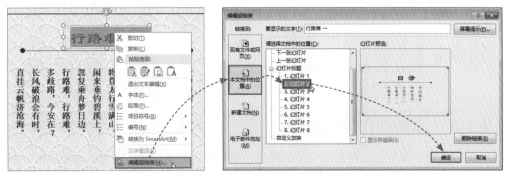

图 9-5

2. 更改链接文本颜色

默认情况下，有链接的文本为蓝色，链接访问后将变为紫色。如果用户对于链接文本的颜色有要求，可以对其进行更改。

在"设计"选项卡的"变体"选项组中单击"其他"按钮，从列表中选择"颜色"选项，并在级联菜单中选择"自定义颜色"选项；在打开"新建主题颜色"对话框的"主题颜色"区域，可对超链接和已访问的超链接颜色进行更改，完成后单击"保存"按钮即可，如图9-6所示。

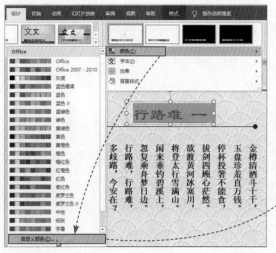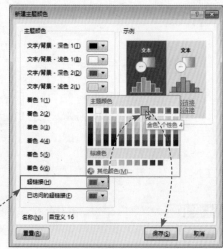

图 9-6

3. 取消链接

如果想要清除超链接，只需选中链接项后右击，在弹出的快捷菜单中选择"取消超链接"选项即可，如图9-7所示。除此之外，打开"编辑超链接"对话框，单击"删除链接"按钮，同样也可取消链接，如图9-8所示。

图 9-7   图 9-8

9.1.4 添加动作链接按钮

为了能够更加灵活地控制幻灯片的放映，用户可为其添加动作按钮。通过单击动作按钮可以快速返回到上一页，或直接返回到首页等。

选择要添加动作按钮的幻灯片，在"插入"选项卡的"形状"下拉列表中，选择"动作按钮"组中的一个按钮图标，在页面合适位置绘制出该图标；在打开的"操作设置"对话框中，单击"超链接到"下拉按钮，选择"幻灯片"选项，如图9-9所示。

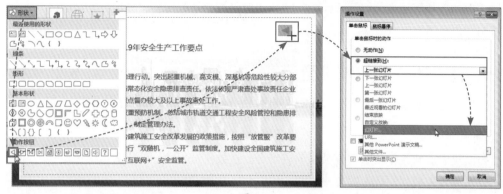

图 9-9

随后在打开的"超链接到幻灯片"对话框中，选择要返回的目标幻灯片页，依次单击"确定"按钮即可完成设置操作，如图9-10所示。在放映时，单击动作按钮即可跳转到相关页面中。

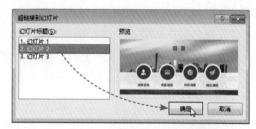

图 9-10

动手练　将课件内容链接到网页

下面以PPT入门培训课件为例，介绍如何将内容链接到网页。

Step 01 打开本章配套的素材文件，选中首页幻灯片上的标题文本框，如图9-11所示。

Step 02 在"插入"选项卡中单击"超链接"按钮，打开"插入超链接"对话框，在"地址"输入框中输入链接的网址，单击"确定"按钮即可，如图9-12所示。

图 9-11

图 9-12

Step 03 设置完成后，按F5键放映该课件，单击链接标题内容，随即会跳转到相关的网页界面。

默认情况下，按F5键即可放映当前PPT。但是在放映过程中总会遇到各种各样的问题。例如，如何从当前幻灯片开始放映；如何只放映指定内容；如何自动放映等。下面将向用户介绍放映PPT的一些技巧。

9.2.1 PPT的放映类型

PPT有三种放映类型，分别为演讲者放映、观众自行浏览和在展台浏览。

1. 演讲者放映

演讲者放映类型一般用在公众演讲场合。在放映过程中，演讲者可通过鼠标、翻页器以及键盘来控制幻灯片的放映。

在PPT中，按F5键就可以启动演讲者放映。移动鼠标后，在放映窗口的左下角会显示6个控制按钮，分别为"向前""向后""墨迹""多页浏览""局部放大"和"更多操作"，如图9-13所示。单击"向前"/"向后"按钮可跳转到前一页/后一页幻灯片；单击"墨迹"按钮，会打开相应的快捷菜单，在此选择一种墨迹类型及其颜色，就可以在幻灯片中进行标记，如图9-14所示。

图 9-13

图 9-14

2. 观众自行浏览

观众自行浏览类型是以与观众互动的方式来放映PPT。放映过程中，观众可通过单击各种链接按钮来查找自己所需的信息。因此在制作这类PPT时，需要添加大量的动作按钮和链接来引导观众查阅信息。

3. 在展台浏览

在展台浏览类型是在无人操控的情况下自行播放幻灯片。该放映类型常用于庆典或会议开场，通过幻灯片的自行放映让观众了解本次庆典或会议的主题。在制作这类PPT时，需预先设定好每张幻灯片播放的时间。

在"切换"选项卡的"计时"选项组中勾选"设置自动换片时间"复选框并输入时间值，即可设定幻灯片播放时间，如图9-15所示。

图 9-15

无论使用以上哪一种放映类型，都可通过"幻灯片放映"选项卡中单击"设置幻灯片放映"按钮，在"设置放映方式"对话框中进行设置，如图9-16所示。

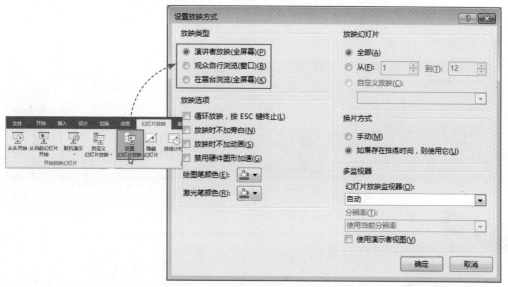

图 9-16

9.2.2 开始放映

PPT的放映方法也有三种，分别为从头开始放映、从当前幻灯片开始放映以及自定义放映。用户根据需要来选择适合的方法即可。

● **从头开始放映**：无论当前停留在哪一页幻灯片上，按F5键后，系统会自动从该PPT的首页开始放映。

● **从当前幻灯片开始放映**：按Shift+F5组合键，系统会以当前选择的幻灯片为首，开始放映PPT。

● **自定义放映**：如果只想在放映过程中放映指定的幻灯片，可使用自定义放映功能，具体设置操作如下。

在"幻灯片放映"选项卡的"开始放映幻灯片"选项组中单击"自定义幻灯片放映"下拉按钮，选择"自定义放映"选项；打开"自定义放映"对话框，单击"新建"按钮；打开"定义自定义放映"对话框，勾选要放映的幻灯片，如图9-17所示。

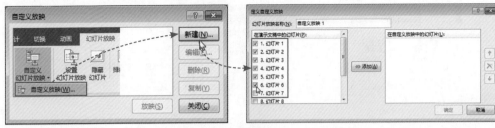

图 9-17

在"定义自定义放映"对话框中选择好幻灯片后，单击"添加"按钮，被选中的幻灯片将添加至右侧列表中，单击"确定"按钮，返回上一层对话框；单击"自定义放映"对话框的"放映"按钮即可放映设置好的PPT，如图9-18所示。

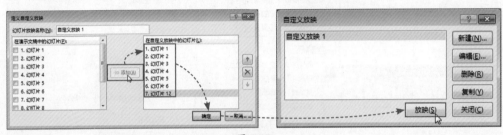

图 9-18

9.2.3 设置排练计时

当用户需要控制幻灯片的放映时间时，可利用排练计时功能来实现。在"幻灯片放映"选项卡中单击"排练计时"按钮，此时幻灯片会以全屏模式来放映，并且在页面左上角会显示"录制"窗口，如图9-19所示。录制窗口中间的时间为放映当前幻灯片的计时，右边时间为放映所有幻灯片的总计时。

单击鼠标切换到下一张幻灯片，系统会自动为下一张幻灯片进行计时。计时结束后会弹出提示对话框，提示是否保留新幻灯片计时，单击"是"按钮完成计时操作，如图9-20所示。

图 9-19　　　　　　　　　　　　　　　　图 9-20

将当前视图切换到幻灯片浏览视图界面，用户可以看到每张幻灯片的放映时间，如图9-21所示。

图 9-21

动手练 **自定义放映PPT文稿**

下面将以放映建筑安全监督报告为例，来介绍自定义放映的具体|操作。

Step 01 打开本章配套的素材文件，在"幻灯片放映"选项卡中单击"自定义幻灯片放映"下拉按钮，从列表中选择"自定义放映"选项，打开"自定义放映"对话框，单击"新建"按钮，如图9-22所示。

Step 02 在"定义自定义放映"对话框中，对当前放映文件进行重命名，并在左侧列表中勾选要放映的幻灯片，单击"添加"按钮，将其添加至右侧列表中，如图9-23所示。

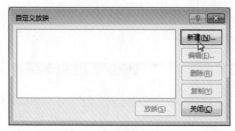

图 9-22

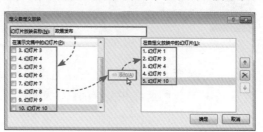

图 9-23

Step 03 设置好需放映的幻灯片后，单击"确定"按钮，返回到上一层对话框；单击"关闭"按钮，关闭该对话框，如图9-24所示。

Step 04 保存好PPT文稿。当下次需要调用时，只需在"自定义幻灯片放映"下拉列表中选择设置好的放映文件，按F5键即可放映，如图9-25所示。

图 9-24

图 9-25

为了方便将PPT分享给他人，用户可将PPT输出成其他文档格式，以避免因其他计算机没有安装PowerPoint而不能正常浏览PPT内容。

9.3.1 输出为其他格式

PowerPoint默认的文件保存格式为".pptx"，当然用户也可以根据需要将其保存为其他格式，例如PDF格式、图片格式、视频格式等。

扫码看视频

1. 输出为 PDF 格式

单击"文件"选项卡的"导出"选项，在右侧导出界面中系统默认选择"创建PDF/XPS文档"选项，保持该项选择状态，单击"创建PDF/XPS"按钮，如图9-26所示。在"发布为PDF或XPS"对话框中，设置好文件名，单击"发布"按钮，如图9-27所示。

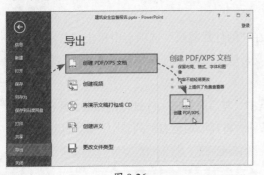

图 9-26

图 9-27

系统会显示发布进度条，完成进度后，默认情况下会自动打开保存的PDF文件，如图9-28所示。

知识点拨

在"发布为PDF或XPS"对话框中用户可以对发布的细节进行设置：单击"选项"按钮，在打开的"选项"对话框中，可对发布范围、发布选项、PDF选项等进行具体调整。

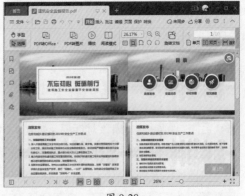

图 9-28

2. 输出为图片格式

将PPT输出为图片有两种模式：一种是将幻灯片保存成独立的jpg格式，具体操作如下：打开"另存为"对话框，将"保存类型"设为"JPEG文件交换格式（*.jpg）"选项，单击"保存"按钮，在打开的提示框中，用户可根据需要选择导出的类型，这里选择"所有幻灯片"选项，此时系统会将当前PPT中的所有幻灯片都导出为独立JPG文件，如图9-29所示。

图 9-29

　　另一种仍为pptx格式，但打开后每一张幻灯片都以图片的方式显示，其操作方法如下：打开"另存为"对话框，将"保存类型"设为"PowerPoint图片演示文稿（*.pptx）"选项，单击"保存"按钮，如图9-30所示。

图 9-30

3. 输出为视频格式

　　如果是动态PPT，可以将其转换为视频格式。具体方法是，在"文件"选项卡中选择"导出"选项，并在右侧列表中选择"创建视频"选项，设置好每张幻灯片的描述，单击"创建视频"按钮；在打开的"另存为"对话框中，设置好文件名，单击"保存"按钮，如图9-31所示。

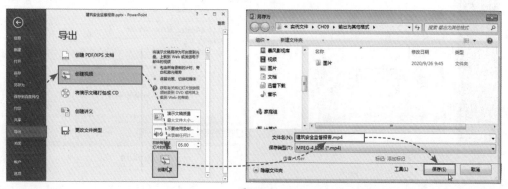

图 9-31

此时在状态栏中会显示视频转换进度，转换完成后即可打开视频观看，如图9-32所示。

正在制作视频 建筑安全监督报告.mp4

图 9-32

知识点拨

将PPT转换为放映模式可以对PPT进行压缩，节省存储空间。具体方法是，在"文件"列表中选择"另存为"选项，在"另存为"对话框中将"保存类型"设为"PowerPoint放映(*.ppsx)"选项即可。保存后，该PPT将会以放映模式打开。

9.3.2 打包演示文稿

扫码看视频

在制作PPT时难免会用到各种素材，如音频、视频以及一些链接的文件等，这些素材都要和PPT文件放在一个文件夹里，否则就会导致PPT无法正常放映。为了避免这种情况的发生，用户可使用"打包成CD"功能将PPT进行整体打包。

单击"文件"选项卡选择"导出"选项，在"导出"列表中选择"将演示文稿打包成CD"选项，单击"打包成CD"按钮，如图9-33所示。在"打包成CD"对话框中对文件进行命名，单击"复制到文件夹"按钮，打开相应的对话框，单击"浏览"按钮，如图9-34所示。

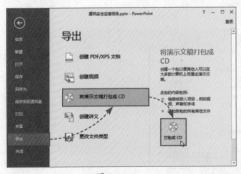

图 9-33

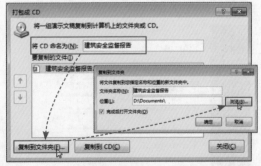

图 9-34

170

在打开"选择位置"对话框中，选择好要保存文件的位置，单击"选择"按钮，如图9-35所示。返回上一层对话框，单击"确定"按钮，在打开的提示框中，单击"是"按钮，稍等片刻系统会自动打开相应的文件夹，在该文件夹中会显示PPT所使用的全部素材文件，如图9-36所示。

图 9-35

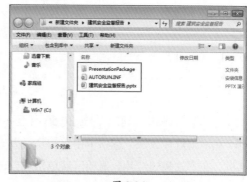

图 9-36

至此，PPT文稿打包完成。

知识点拨

> 如果想要在没有安装PPT的计算机中放映，只需打开打包文件所在文件夹，双击"PresentationPackage"文件夹中的网页文件，下载一个PPT查看器即可观看此PPT。

案例实战：放映新年主题PPT

通过学习本章内容后，下面将以新年习俗文稿PPT为例，来制定两个放映方案，以便在放映时直接调用。

Step 01 打开本章配套的素材文件，在"幻灯片放映"选项卡中单击"自定义幻灯片放映"下拉按钮，从列表中选择"自定义放映"选项，打开相应的对话框；单击"新建"按钮，打开"定义自定义放映"对话框，将放映名称命名为"习俗"，并选择好要放映的幻灯片，如图9-37所示。

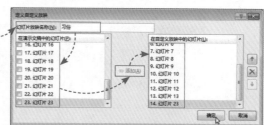

图 9-37

Step 02 单击"确定"按钮，返回上一层对话框。再次单击"新建"按钮，定义一个名为"传说"的放映方案，如图9-38所示。

图 9-38

Step 03 单击"确定"按钮，返回上一层对话框，单击"关闭"按钮，关闭该对话框。在"幻灯片放映"选项卡中单击"设置幻灯片放映"按钮，打开"设置放映方式"对话框，在"放映幻灯片"选项区域单击"自定义放映"单选按钮，并在其列表中选择放映方案，如图9-39所示。

Step 04 设置完成后，单击"确定"按钮。在"文件"选项卡中选择"另存为"选项，打开"另存为"对话框，将保存类型设为放映模式，如图9-40所示。

图 9-39

图 9-40

注意事项 如果需要对设定的放映方案进行调整，可在"自定义幻灯片放映"列表中，选择"自定义放映"选项，在打开的对话框中，选择要修改的方案，单击"编辑"按钮，在打开的"定义自定义放映"对话框中重新设置即可，如图9-41所示。

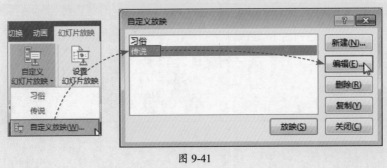

图 9-41

PPT办公应用标准教程——设计、制作、演示（全彩微课版）

利用手机放映PPT时，用户可以对其重点内容进行标注。下面将以"醉翁亭记"课件PPT为例，来介绍具体操作。

Step 01 利用手机Office软件打开"醉翁亭记"文稿，单击"编辑"按钮，进入编辑界面，单击上方工具栏的放映按钮，进入放映模式，如图9-42所示。

Step 02 手指滑动屏幕，切换到下一张幻灯片。单击一下屏幕，显示出工具栏，再单击 按钮即可对重点内容进行标注，如图9-43所示。

图 9-42　　　　　　　　　　　　　　　　图 9-43

Step 03 在工具栏中单击 按钮，可以对当前墨迹颜色、粗细进行设置。此外还可以进行墨迹的删除设置。

Step 04 单击 按钮，可直接切换到黑屏状态，在此用户可以写入标注信息内容，如图9-44所示。

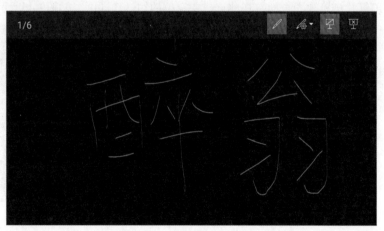

图 9-44

Step 05 单击 按钮即可退出放映状态。

第9章　PPT的放映与输出

新手答疑

1. Q: 添加文本链接后，如何去除其下画线？

A: 为文本添加链接时，通常会直接选择文本内容，其实若不想显示下画线，直接选择其文本框就可以了。前文中也提过，除文本外，其他元素如图片、形状等添加链接后，外观都不会发生变化。文本框也不例外。

2. Q: 系统内置的动作按钮不太美观，能自己定义一个吗？

A: 完全可以。利用形状工具绘制按钮，或者是利用漂亮的图片来作为按钮都是可以的。无论是图形按钮还是图片按钮，在制作完成后，选中该按钮，在"插入"选项卡中单击"动作"按钮，如图9-45所示，即可打开"操作设置"对话框进行链接设置。

图 9-45

3. Q: 如何在放映幻灯片时快速定位到某张幻灯片？

A: 除了使用前文介绍的链接功能外，还可利用"查看所有幻灯片"功能来操作。在放映时右击，在弹出的快捷菜单中选择"查看所有幻灯片"选项，随即跳转到幻灯片浏览视图页面，在此选择要定位的幻灯片即可，如图9-46所示。

图 9-46

PPT办公应用标准教程——设计、制作、演示（全彩微课版）

第 **10** 章
PPT在实际工作中的应用

前面讲解了PowerPoint的基础操作，包括文字、图片、图形、表格、动画、音/视频等。为了巩固所学知识，本章将综合这些知识来进行案例实战，使读者在面对实际工作时，能够得心应手，运用自如。

P 10.1 制作小学语文课件

课件对于老师来说是再熟悉不过了。为了能够让学生快速理解讲课内容，通常都需要制作相应的课件。那么，如何能够既快又好地制作课件呢？下面将以制作《荷花》语文课件为例，来介绍具体的操作方法。

▌10.1.1 制作课件标题幻灯片

首先制作标题幻灯片。标题幻灯片可以说是PPT的门面，如图10-1所示。门面装修得好坏将直接影响到整体效果。所以制作者在标题幻灯片制作上需下点功夫。

图 10-1

Step 01 新建空白幻灯片，删除页面中多余的文本占位符。在"设计"选项卡中单击"设置背景格式"按钮，打开相应的设置窗格。单击"图片或纹理填充"单选按钮，并单击"插入"按钮，在打开的对话框中选择背景图片插入即可，如图10-2所示。

图 10-2

Step 02 将"荷花"图片素材拖入该幻灯片中，并调整好大小，置于页面合适位置，如图10-3所示。

Step 03 按照同样的操作，将"柳叶"和"鱼"两张素材图片也插入该幻灯片合适位置，如图10-4所示。

图 10-3

图 10-4

Step 04 插入文本框，输入"荷"字，并设置好字体和字号，如图10-5所示。

Step 05 选中该文本框，在"绘图工具-格式"选项卡中单击"形状轮廓"下拉按钮，从列表中选择一种边框颜色，并将"粗细"设为2.25磅，如图10-6所示。

图 10-5

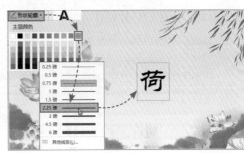

图 10-6

Step 06 在"插入"选项卡的"形状"列表中，选择直线形状，绘制米字格图形，如图10-7所示。

Step 07 将绘制好的直线颜色设为与方格相同的颜色，"粗细"设为1磅，"虚线"设为"短画线"，效果如图10-8所示。

Step 08 选择所有直线，右击，在弹出的快捷菜单中选择"置于底层"选项，将直线放置于文字下方，效果如图10-9所示。

图 10-7

图 10-8

图 10-9

Step 09 选择所有直线和文本框，将其组合。然后选中该组合，按住Ctrl键向右拖曳至合适位置，并将文字改为"花"，效果如图10-10所示。

Step 10 调整好标题位置。再次插入文本框，输入副标题，并设置好其字体、字号与颜色。设置完成后，选中该文本框，单击"分散对齐"按钮，将副标题文本与主标题文本对齐，结果如图10-11所示。

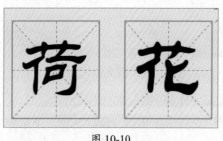

图 10-10   图 10-11

至此，标题幻灯片制作完毕。

10.1.2 制作内容幻灯片

在制作内容幻灯片时，制作者应尽量选用简洁的文字来表达，切勿堆砌文字。此外，页面不需要过多装饰，如果觉得单调，可以适当点缀，毕竟内容幻灯片要以内容为主，如图10-12所示。

图 10-12

Step 01 复制标题幻灯片，创建第2张幻灯片，此时会发现背景图片未显示，如图10-13所示。

Step 02 删除该幻灯片中所有内容。选中标题幻灯片，打开"设置背景格式"窗格，单击"应用到全部"按钮，将背景图片应用至其他幻灯片中。再次选中第2张幻灯片，将"荷花1"图片素材插入幻灯片中，如图10-14所示。

图 10-13　　　　　　　　　　　　　　　　　　图 10-14

Step 03 在"插入"选项卡的"形状"列表中，选择圆角矩形，在页面合适位置绘制圆角矩形，并调整好矩形两边的弧线。将该图形设为无填充，边框颜色设为绿色，边框宽度为1磅，如图10-15所示。

知识点拨

　　想要调整圆角矩形的弧度形状，可选中矩形左上角的橙色控制点，按住鼠标左键不放，拖动该控制点至合适位置，放开鼠标即可。

Step 04 右击该圆角矩形，在弹出的快捷菜单中选择"置于底层"选项，将其置于荷花图片下方，并利用文本框输入文本内容，设置好文字的字体、字号及颜色，如图10-16所示。

图 10-15　　　　　　　　　　　　　　　　　　图 10-16

Step 05 继续利用文本框输入内容文本，并设置好文字格式，完成第2张幻灯片的制作，如图10-17所示。

Step 06 按照同样的方法，制作第3张幻灯片内容，其效果如图10-18所示。

图 10-17　　　　　　　　　　　　　　　　　　图 10-18

Step 07 利用文本框插入拼音"peng"，如图10-19所示。

Step 08 选中其中的"e"字母，在"插入"选项卡的"符号"选项组中，单击"符号"按钮，在打开的对话框中，将"子集"选项设为"拼音"，然后选择所需的音标，单击"插入"按钮即可修正拼音，如图10-20所示。

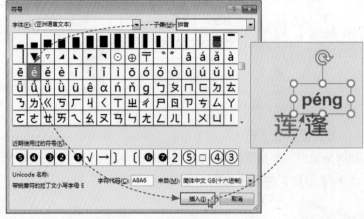

图 10-19   图 10-20

　　有时在"子集"选项中找不到"拼音"选项，此时在"符号"对话框右下角的"来自"下拉列表中选择"简体中文GB（十六进制）"选项，即可从"子集"列表中找到。

Step 09 按照同样的操作，为页面中红色的文字添加拼音，结果如图10-21所示。

Step 10 复制第3张幻灯片，创建为第4张幻灯片，并修改其相关内容，结果如图10-22所示。

péng 莲蓬   shàng 衣裳   tíng 蜻蜓
āi 挨挨挤挤   zhàng 饱胀   fǎng fú 仿佛
dǎo 舞蹈   bàn 花瓣儿   piān 翩翩起舞

图 10-21

图 10-22

Step 11 复制并创建第5张幻灯片，修改其标题内容。在"插入"选项卡中单击"表格"选项，插入3行2列的表格，并将其格式设为"无样式，网格型"，输入表格内容，调整好对齐方式及表格高度，如图10-23所示。

图 10-23

PPT办公应用标准教程——设计、制作、演示（全彩微课版）

Step 12 选中表格，将其设为无边框。将"笔颜色"设为绿色，将"边框"设为"内部竖框线"选项，如图10-24所示。

图 10-24

Step 13 复制并创建第6张、第7张幻灯片，并修改好其内容和格式，结果如图10-25所示。

图 10-25

至此，课件内容幻灯片制作完成。

10.1.3 制作结尾幻灯片

结尾幻灯片的制作方法很简单，通常只需在标题幻灯片的基础上稍加改变即可。在结尾幻灯片中，制作者可写上致谢词，或一段激励的语句，起到点题作用。

复制标题幻灯片，删除多余的修饰图片。调整好标题位置，并对其内容进行修改即完成结尾幻灯片的制作，如图10-26所示。

图 10-26

10.1.4　为课件添加动画效果

为课件添加动画可以吸引学生们的目光，提起他们的学习兴致。当然，不是每张幻灯片都要添加动画效果，只需选择几张重点幻灯片来添加即可。

Step 01　选择第3张幻灯片，并选择"péng"文本框，在"动画"选项卡的动画列表中，选择"缩放"动画效果，此时在该文本框左上角会显示编号"1"，如图10-27所示。

Step 02　选择"shàng"文本框，同样为其添加"缩放"动画效果，如图10-28所示。

图 10-27

图 10-28

Step 03　按照同样的方法，依次为其他拼音文本框添加缩放动画效果，如图10-29所示。

Step 04　在"动画"选项卡中单击"预览"按钮，可预览该页所有动画效果，如图10-30所示。

图 10-29

图 10-30

Step 05　选择第4张幻灯片，然后选择内容文本框，为其添加"字体颜色"强调动画效果，如图10-31所示。

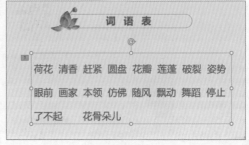
图 10-31

Step 06 单击"动画窗格"按钮，打开相应的设置窗格，选中该动画项，右击，在弹出的快捷菜单中选择"效果选项"，如图10-32所示。

Step 07 在打开的"字体颜色"对话框中，将"动画文本"设为"按字母"，如图10-33所示。

Step 08 单击"确定"按钮，完成设置操作。此时系统会按照设定的模式来播放动画效果，如图10-34所示。

图 10-32

图 10-33

图 10-34

Step 09 选择第6张幻灯片，再选择"例如……"文本框，为其添加"下画线"动画效果，其他设置都为默认值，如图10-35所示。

Step 10 单击"预览"按钮，可以预览该动画效果，如图10-36所示。

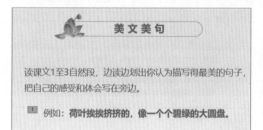

图 10-35

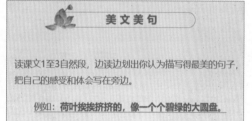

图 10-36

Step 11 选择第7张幻灯片，选择内容文本框，如图10-37所示，为其添加"飞入"动画效果，并将其"开始"模式设为"与上一动画同时"选项。

Step 12 单击"效果选项"下拉按钮，从其列表中选择"自右侧"选项，对飞入方向进行调整，效果如图10-38所示。

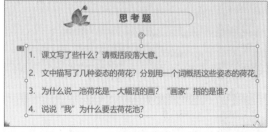

图 10-37

图 10-38

Step 13 在动画窗格中右击该动画项，在弹出的快捷菜单中选择"效果选项"，在打开的"飞入"对话框中，将"动画文本"选项设为"按字母"，单击"确定"按钮，关闭对话框。单击"播放"按钮即可预览该动画效果，如图10-39所示。

图 10-39

Step 14 选中标题幻灯片，打开"切换"选项卡，在"切换到此幻灯片"选项组中，选择"涟漪"效果，为当前幻灯片添加切换效果，如图10-40所示。

Step 15 单击"应用到全部"按钮，将该效果应用至其他幻灯片中，效果如图10-41所示。

图 10-40   图 10-41

至此，课件动画已全部添加完成。

10.1.5 打包课件

为方便课件的传输与保存，可为课件进行归档打包。下面将介绍课件的打包操作。

Step 01 在"文件"选项卡中选择"导出"选项，在"导出"页面中选择"将演示文稿打包成CD"选项，并单击右侧"打包成CD"按钮，如图10-42所示。

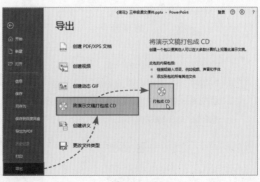

图 10-42

Step 02 在"打包成CD"对话框中，单击"复制到文件夹"按钮，如图10-43所示。

图 10-43

Step 03 在"复制到文件夹"对话框中，单击"浏览"按钮，设置好目标路径，如图10-44所示。

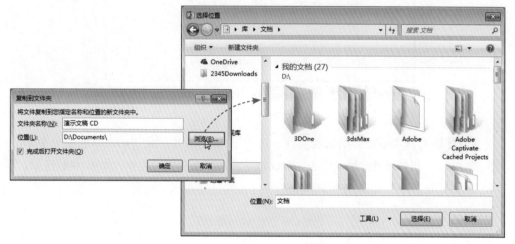

图 10-44

Step 04 单击"选择"按钮，返回上一层对话框，单击"确定"按钮，在打开的提示框中单击"是"按钮，如图10-45所示。

图 10-45

Step 05 系统开始复制文件。复制完成后，系统会打开打包的文件夹，在此可以看到该课件中所有的素材文件。

至此，语文课件打包完毕。

下面将以制作公益环保主题类的PPT为例，来介绍如何在PPT中添加音、视频以及图表等操作。

▌10.2.1　完善内容幻灯片

当前配套的PPT文件不完整，制作者需要对其内容进行完善，例如制作数据统计图表等，如图10-46所示。

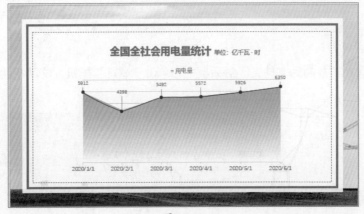

图 10-46

Step 01 打开本章配套的素材文件，选中第3张幻灯片。在"插入"选项卡中单击"图表"按钮，在打开的"插入图表"对话框中选择"面积图"类型，如图10-47所示。

图 10-47

Step 02 在打开的Excel编辑窗口中，填入所需数据，即可完成图表的创建操作，如图10-48所示。

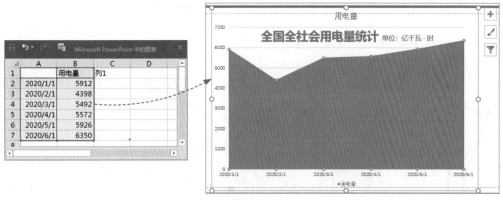

图 10-48

Step 03 选中图表，单击图表右侧的"图表元素"按钮，在其下拉列表中取消勾选"图表标题"选项，以及取消勾选"坐标轴"选项级联菜单中的"主要纵坐标轴"选项，如图10-49所示。

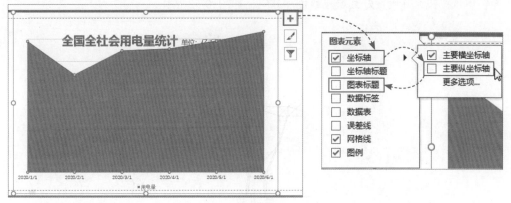

图 10-49

Step 04 将图例设为"顶部"显示。使用鼠标拖曳的方法，调整好图表的大小，如图10-50所示。

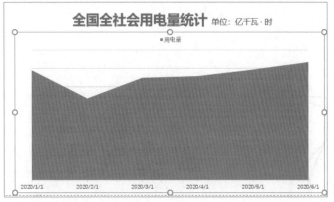

图 10-50

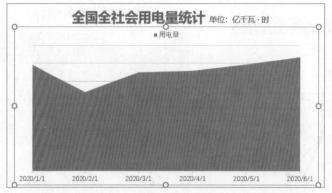

图 10-51

Step 06 选中图表后右击，在弹出的快捷菜单中选择"设置数据系列格式"选项，在打开的设置窗格中，选择"填充与线条"图标，在打开选项列表中，单击"渐变填充"单选按钮，并设置好其填充颜色和方向，如图10-52所示。

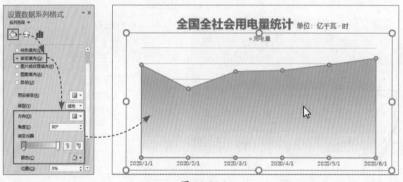

图 10-52

Step 07 选中图表，在"图表元素"列表中勾选"数据标签"复选框。然后按住Shift键手动调整其位置，并设置好数据标签内容的大小和颜色，结果如图10-53所示。

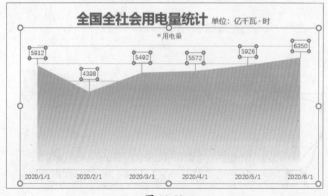

图 10-53

PPT办公应用标准教程——设计、制作、演示（全彩微课版）

Step 08 在"插入"选项卡中单击"形状"下拉按钮，从下拉列表中选择"曲线"形状，在图表中沿数据标签指定的点绘制曲线，如图10-54所示。

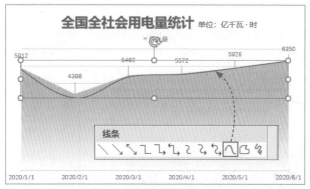

图 10-54

Step 09 选中绘制的曲线，在"绘图工具-格式"选项卡中单击"形状轮廓"下拉按钮，将曲线设为红色，"粗细"设为2.25磅，如图10-55所示。

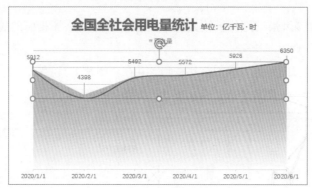

图 10-55

Step 10 选中该曲线，在"绘图工具-格式"选项卡中单击"编辑形状"按钮，在打开的列表中选择"编辑顶点"选项，然后选择要调整的点，拖动两侧的控制手柄，调整好曲线造型，尽量让曲线和图表曲线一致，如图10-56所示。

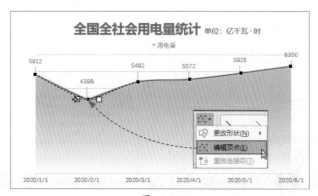

图 10-56

Step 11 在"形状"列表中选择椭圆形，按住Shift键绘制圆形，放置在曲线上方，同时将该圆形填充色也设为红色，无轮廓。将绘制的圆形复制到其他数据点上。选中曲线和所有的圆形将其组合。

Step 12 选中图表，在"动画"选项卡的"动画样式"列表中，为其添加"擦除"进入动画，方向设为"自左侧"，将"开始"方式设为"与上一动画同时"，如图10-57所示。

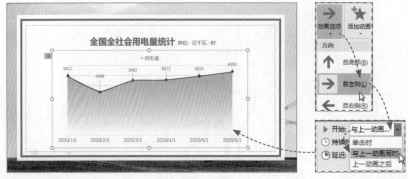

图 10-57

Step 13 选择第4张幻灯片，输入文本内容，并为其添加相应的编号，如图10-58所示。

Step 14 将素材图片拖入该幻灯片右侧，并在"图片工具-格式"选项卡的"图片样式"列表中，选择一种图片样式，美化图片，如图10-59所示。

图 10-58

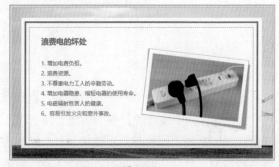

图 10-59

Step 15 按照同样的操作，完成其他幻灯片内容的制作，如图10-60所示。

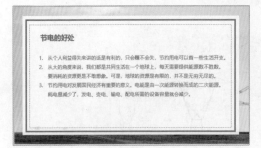

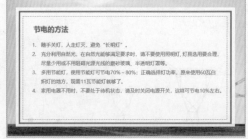

图 10-60

10.2.2 添加公益宣传片

在幻灯片中添加视频片段有两个好处，一是强调主题内容，二是丰富页面内容。下面将为PPT添加公益宣传片，如图10-61所示。

Step 01 复制目录页并将其移至首位，删除文本内容，将公益视频直接拖入该幻灯片中，调整视频窗口的大小和位置，如图10-62所示。

图 10-61

图 10-62

Step 02 选中视频，在"视频工具-播放"选项卡的"视频选项"选项组中，将"开始"选项设为"自动"，勾选"全屏播放"复选框，如图10-63所示。

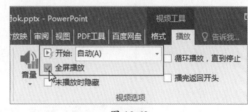

图 10-63

Step 03 按F5键开始放映该幻灯片，系统会自动全屏播放视频。

Step 04 选择第2张幻灯片，将背景乐拖入该幻灯片中，如图10-64所示。

Step 05 选择背景乐，在"音频工具-播放"选项卡中，单击"剪裁音频"按钮，在打开的对话框中对当前背景乐进行裁剪操作，如图10-65所示。

图 10-64

图 10-65

Step 06 在"音频选项"选项组中，将"开始"选项设为"自动"，勾选"跨幻灯片播放""循环播放，直到停止"和"放映时隐藏"三个复选框，如图10-66所示，将音频图标移到页面外。

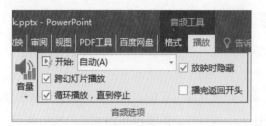

图 10-66

10.2.3 添加页面超链接

为PPT添加超链接，可方便用户在放映时，直接跳转到指定的页面，省去一张张查看的麻烦。下面将为宣传手册的目录添加超链接，如图10-67所示。

图 10-67

Step 01 在目录页中选择需设置超链接的第一条目录内容，在"插入"选项卡中单击"超链接"按钮，在打开的"插入超链接"对话框中，先选择"本文档中的位置"选项，然后在右侧幻灯片列表中选择"幻灯片3"选项，如图10-68所示。

Step 02 单击"确定"按钮即可完成第1条目录的链接操作，如图10-69所示。

图 10-68

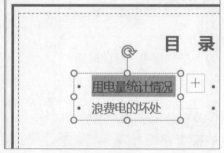

图 10-69

Step 03 按照同样的操作，将其余三条目录内容链接到相应幻灯片中。链接设置完成后，单击链接项随即会调整到相关内容页面，如图10-70所示。

图 10-70

Step 04 选中首页幻灯片，在"切换"选项卡的"切换到此幻灯片"列表中，选择"棋盘"切换效果，为当前幻灯片添加切换效果，如图10-71所示。

图 10-71

Step 05 设置完成后，在"计时"选项组中单击"全部应用"按钮，将该切换效果统一应用至其他幻灯片中，如图10-72所示。

图 10-72

▍10.2.4　放映并输出PPT

PPT内容制作好以后，下面对PPT文件进行输出操作。本案例利用排练计时功能，将PPT设置成自动放映，具体操作如下。

Step 01 在"幻灯片放映"选项卡中单击"排练计时"按钮，此时该PPT会全屏显示，同时在页面左上角显示"录制"窗口，此处记录当前页面停留的时间，如图10-73所示。

Step 02 滑动鼠标中键，可切换到下一张幻灯片，其"录制"时间将会记录第2张幻灯片的停留时间。按照同样的方法，记录到最后一张幻灯片，系统会打开提示对话框，在此单击"是"按钮，如图10-74所示。

图 10-73

图 10-74

Step 03 切换到幻灯片浏览视图，用户可以看到每张幻灯片下方会显示当前幻灯片停留时间。在放映时，系统会根据该时间自动切换幻灯片，如图10-75所示。

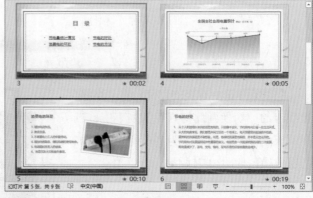

图 10-75

Step 04 在"文件"选项卡中选择"导出"选项，在右侧列表中选择"创建视频"选项，然后单击"使用录制的计时和旁白"下拉按钮，从列表中选择"预览计时和旁白"选项，即可对当前计时进行预览，如图10-76所示。

图 10-76

Step 05 确认无误后，将"放映每张幻灯片秒数"设为0，单击"创建视频"按钮，在"另存为"对话框中设置好视频的路径，单击"保存"按钮，稍等片刻即可完成视频的转换操作，如图10-77所示。

图 10-77

PPT办公应用标准教程——设计、制作、演示（全彩微课版）

手机办公：在手机PPT中查找指定文本

想要在手机PPT中快速找到某个文本内容，可使用"查找"功能来操作，具体操作方法如下。

Step 01 利用手机Office软件打开"醉翁亭记"文稿，单击"编辑"按钮，进入编辑界面，单击上方工具栏的🔍按钮，进入查找界面，在此输入要查找的内容，如图10-78所示。

Step 02 单击🔍按钮，此时系统会在当前页中选取相关内容；单击下方工具栏中的🅰按钮，可以更改当前字体颜色，如图10-79所示。

图 10-78

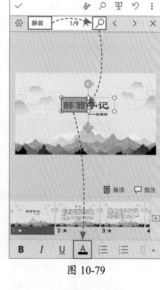

图 10-79

Step 03 单击▷按钮，可快速选取第2个相同内容，再次更改文字颜色。按照同样的方法查找到其他页面中的相关内容，并对其颜色进行更改，如图10-80所示。

图 10-80

 **新手答疑**

通过对本章内容的学习，相信大家对PowerPoint基本操作有了进一步的了解。下面将针对工作中一些常见的疑难问题进行解答，以便巩固所学的知识内容。

1. Q: 我用的是 WPS 软件，是否可以打开 PowerPoint 文稿呢？

A: 完全可以。WPS软件也有三个组件，分别针对文字、表格和演示。其中演示组件就用于幻灯片。该软件保存文件的格式也是.pptx，与微软的PowerPoint格式相同，可以通用。

2. Q: 我使用的是 PowerPoint 2016 版本，对方的是低版本，我该怎么操作，对方才能打开我的 PPT 文稿呢？

A: 非常简单，只需将当前文件保存成兼容模式就可以了。在"文件"选项卡中选择"另存为"选项，在打开的"另存为"对话框中，将"保存类型"设为"PowerPoint 97-2003演示文稿（*.ppt）"模式即可，如图10-81所示。

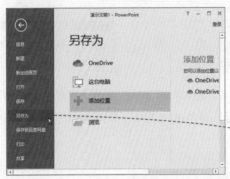

图 10-81

3. Q: 在幻灯片中为什么没办法选中对象？

A: 幻灯片中可能包含了很多对象，有文字、图片、图形等，很多时候这些对象相互重叠，而PowerPoint默认只会选中最上层的对象，中间或底层对象无法被选中。这时，用户可使用"选择"窗格来操作。在"开始"选项卡中单击"选择"按钮，从列表中选择"选择窗格"选项，即可打开该窗格，如图10-82所示。

图 10-82

PPT办公应用标准教程——设计、制作、演示（全彩微课版）

附录

PowerPoint结合小插件可以做出许多能与PPT大神相媲美的作品。例如，美化大师可以方便用户美化页面内容；PocketAnimation（口袋动画）可以便捷地做出很多巧妙的页面动画效果。下面将对这2个插件的应用进行简单介绍。

A.1　PPT美化大师

对于PPT新手来说，PPT美化大师是一款非常实用的插件。该插件专门对PPT进行美化操作，它提供了丰富的PPT模板，一键美化的功能足以让人爱不释手，如图A-1所示。

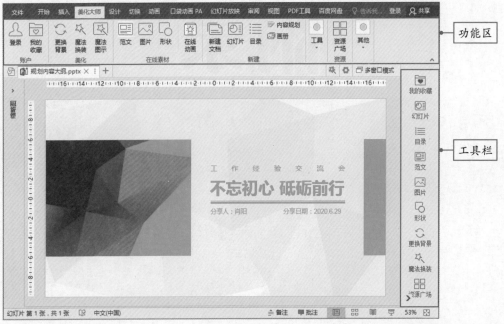

图 A-1

1. 规划 PPT 大纲内容

利用美化大师可以一键规划好整个PPT的内容大纲。在"美化大师"选项卡的"新建"选项组中单击"内容规划"按钮，在"规划PPT内容"窗口中，根据需要输入文档的封面标题以及章节标题等内容，然后在"风格"列表中，选择适合的PPT风格，单击"完成"按钮。稍等片刻，即可生成PPT大纲模板，如图A-2所示。

如果有现成的幻灯片，想再添加新的幻灯片，方法也很简单。在"美化大师"选项卡的"新建"选项组中单击"幻灯片"按钮，在打开的界面中，先选择幻灯片类型，然后选择一种幻灯片样式即可，如图A-3所示。

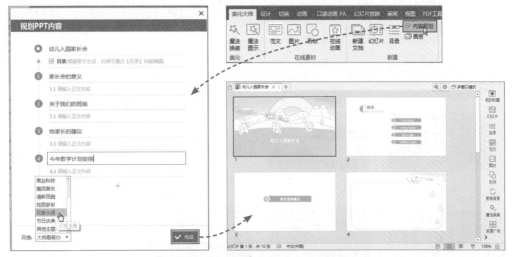

图 A-2

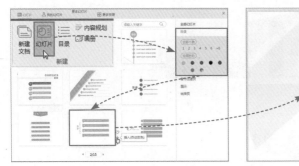

图 A-3

2. 一键美化幻灯片

一键美化是PPT美化大师的核心功能，它提供了很多漂亮的背景图片素材。用户只需在页面中输入内容，然后在"美化大师"选项卡中单击"更换背景"按钮，在打开的背景模板界面中选择一种满意的背景，在打开的预览界面中单击右侧的"套用至当前文档"按钮即可套用该背景，如图A-4所示。单击上方的"返回"按钮，可返回到"背景模板"界面。

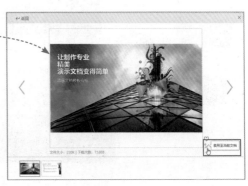

图 A-4

当然，在"背景模板"界面右侧的列表中，用户还可以根据模板的风格、模板的主题色来选择模板类型，如图A-5所示。

图 A-5

3. 在线素材随时享用

当用户找不到设计灵感时，可以使用"在线素材"功能激发灵感。在"美化大师"选项卡的"在线素材"选项组中，单击"范文"按钮，在打开的"文档"窗口中，根据自己的实际需要来创建相应的成品模板，如图A-6所示。

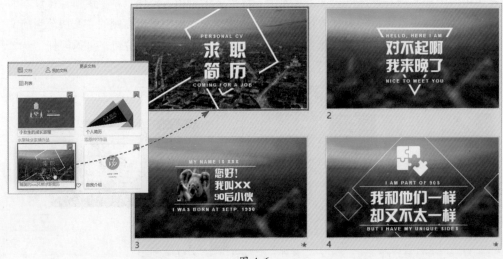

图 A-6

单击"图片"或"形状"按钮，则会打开相应的窗口，可供选择图片或形状元素插入幻灯片中。图A-7所示是图片窗口，图A-8所示是形状窗口。

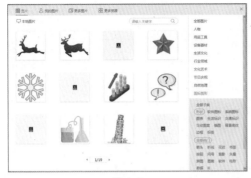

图 A-7

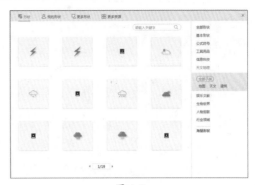

图 A-8

4. 批量处理功能

在"美化大师"插件中，用户可以对字体、行间距进行批量设置，如图A-9、图A-10所示。也可以批量删除动画、切换效果以及一些备注信息等。

除此之外，利用"导出"功能还可将PPT批量导出为多种形式的文档，例如多页拼图、全图APP、导出图片、导出视频等，如图A-11所示。

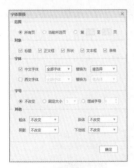

图 A-9　　　　　　　　图 A-10

图 A-11

A.2　PocketAnimation工具

PocketAnimation插件简称"PA"，是一款制作PPT动画的插件。该插件不但操作简单，而且能够实现PPT无法完成的动画效果。PA动画插件有两种模式，分别为盒子模式和专业模式。其中盒子模式适合PPT新手，如图A-12所示；而专业模式是为那些PPT设计师、爱好者们设计的，高端有内涵，如图A-13所示。

图 A-12

图 A-13

用户可以在"口袋动画PA"选项卡的"关于"选项组中单击"盒子版"按钮切换至"专业版";单击"专业版"按钮,可切换回"盒子版",如图A-14所示。

图 A-14

1. 盒子模式

"盒子"模式适合新手使用,其操作比较简单,大多数操作只需套用模板即可实现。例如添加片头动画、片尾动画和转场动画等,只需在"动画盒子"选项组中选择任意一种动画类型,就会打开"个人设计库"窗格,在此,用户可以根据需要进行更详细的设置。

在"个人设计库"窗格的"动画盒子"选项卡中,单击"分类"下拉按钮,从列表中选择动画类型,系统会根据用户的选择自动匹配动画效果,单击播放按钮,可对其进行预览,如图A-15所示。效果确认后,单击"下载应用"按钮,稍等片刻即会打开主题色设置窗口,在此可以设置动画主题色,如图A-16所示。

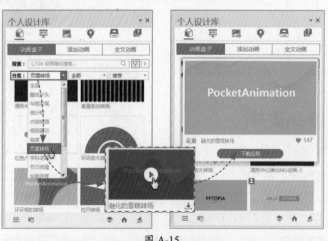

图 A-15

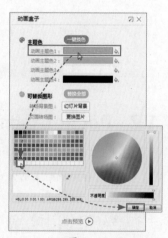

图 A-16

设置完成后,即可将该动画应用至当前幻灯片中。用户可以单击预览按钮,查看其动画效果,如图A-17所示。

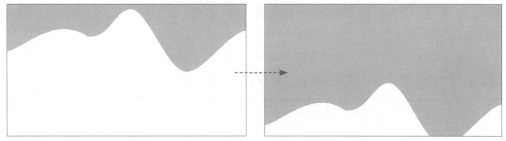

图 A-17

在"个人设计库"窗格中，单击"资源盒子"按钮，在窗格中会显示各种幻灯片模板、页面背景、配色等元素，单击其下载按钮，随即会将之应用至当前幻灯片中，如图A-18所示。

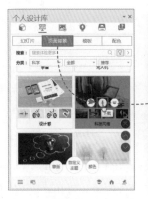

图 A-18

单击"素材盒子"按钮，则会展示出图片、图标以及PNG图元素，同样单击"下载"按钮，即会将其添加至幻灯片中，如图A-19所示。通过以上介绍的这些操作，用户可以使用各种漂亮的素材一键美化页面。

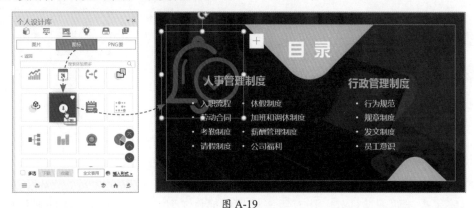

图 A-19

2. 专业模式

专业模式的操作难度有所增加，主要是偏向于动画的制作，因此会涉及一些专业的功能。该模式中的路径功能让原本不可捉摸，难以控制的路径动画变得轻松简单，容易上手。

安装口袋动画插件后，系统会在"动画"选项卡中新增"酷炫动画"下拉按钮，在其下拉列表中用户可以选择一些组合动画模板来套用，如图A-20所示。

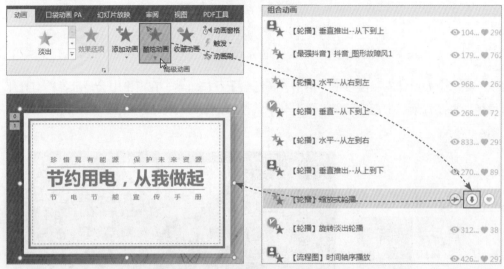

图 A-20

如果想要对创建的组合动画进行编辑加工，通过"口袋动画PA"选项卡的"动画"选项组中相关选项来设置即可。例如，要对动画的时间顺序进行调整，可单击"时间序列"按钮，在打开的"口袋时间序列"对话框中，根据需要对当前动画进行设置，如图A-21所示。而单击"动画风暴"按钮，在打开的对话框中，可对当前动画进行二次创作，使其更加完美，如图A-22所示。

图 A-21

除了上述两款插件外，还有很多好用的插件工具。例如Onekey插件就强化了PowerPoint软件的图片和形状工具，特别在图片处理方面，几乎可与Photoshop媲美，给用户提供了多方面的选择。

感兴趣的读者可以安装试用，相信通过努力，都能成为PPT设计高手。

附录B 不可或缺的配色知识

PPT配色知识在正文中简单介绍了一些。那么如何在实际工作中很好地把控各页面间的搭配关系呢？下面将介绍一些配色方面的小技巧，以供读者参考。

B.1 根据公司Logo或网页Banner配色

公司的Logo是现代企业的标志，而公司网页则代表着企业的形象，其颜色搭配和形状都是经过设计师们反复琢磨研究出来的。用户在配色时，完全可以参考这些元素进行搭配，以便做到和谐统一，如图B-1所示。

图 B-1

图B-1所示是星巴克官网Banner，可以看出该Banner背景色以绿色为主体色，该颜色取决于Logo色，而金色则为辅助色，彩色为点缀色，这三类色彩的相互搭配使整个页面干净、简洁、上档次。

B.2 根据行业特色进行配色

各行各业都有着特定的色彩属性，例如金融行业往往会以金黄色或红色为代表；电子科技行业以蓝色或黑色为代表；而医药行业则通常以绿色、橙色或蓝色为代表等。因此，在进行配色时，还需要考虑行业的专属颜色，如图B-2所示。

图 B-2

图B-2是PPT爱好者制作的一套以环保为主题的模板。对于环保题材，用户会联想到大自然、绿色这几个字眼。因此该模板以绿色为主导色，黄色为点缀色，白色为辅助色进行搭配，符合人们心理需求，整体色彩和谐统一。

B.3　安全配色小公式

下面总结了几种常见的配色模式，供读者参考。

1. 单一色 + 白色

白色被称为百搭色，它搭配任意颜色都可以让整个页面变得清爽、干净。但需要注意明度的差异，和白色搭配的颜色不能太亮，否则会缺乏对比感，从而影响整体效果，如图B-3所示。

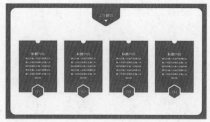

图 B-3

2. 同色系明暗处理

对色彩搭配能力不够自信的朋友，可以试着使用同一色相、不同深浅的颜色进行搭配。这种配色方法是最简单，也是最安全的方法，如图B-4所示。

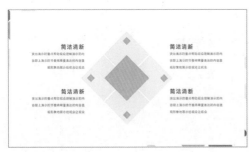

图 B-4

3. 只用单一背景色

有时使用单一的背景色要比花哨的背景色出彩得多。选择好一种颜色作为背景色，再加几个或一组关键性的文字，其效果也会不同凡响，如图B-5所示。

图 B-5

4. 黑白灰 +1 种艳色

下面试举几例。

● **黑+灰+中黄**：严谨、专业又显示出极强的力量感，如图B-6所示。

● **灰+白+深红**：醒目、独特。其中灰色可使整个画面冲突感降低，如图B-7所示。

● **黑（白）+灰+湖蓝（洋红）**：潮流时尚。其中灰色使整个画面变得更加稳重，如图B-8所示。

● **白+灰+橙（黄）**：时尚又不乏大气，动感而又专业，如图B-9所示。

图 B-6

图 B-7

图 B-8

图 B-9

5. 多彩色搭配

　　白色或黑色底色+彩色搭配会使PPT变得活跃，设计感十分强烈，如图B-10所示，但需要提醒的是页面背景最好是单色（白色、灰色、黑色）。当然，也可以是底色为彩色，内容为白色。总之，要把控好颜色的对比，否则整个页面会显得很凌乱。对于多彩色搭配，建议没有配色基础的用户不要使用。

图 B-10

附录C   实用高效的快捷键

表 C-1   功能键

按键	功能描述	按键	功能描述
F1	获取帮助文件	F5	从头开始运行演示文稿
F2	在图形和图形内文本间切换	F7	执行拼写检查操作
F4	重复最后一次操作	F12	执行"另存为"命令

表 C-2   组合键

组合键	功能描述	组合键	功能描述
Ctrl+A	选择全部对象或幻灯片	Ctrl+R	段落右对齐
Ctrl+B	应用（解除）文本加粗	Ctrl+S	保存当前文件
Ctrl+C	执行复制操作	Ctrl+T	打开"字体"对话框
Ctrl+D	生成对象或幻灯片的副本	Ctrl+U	应用（解除）文本下画线
Ctrl+E	段落居中对齐	Ctrl+V	执行粘贴操作
Ctrl+F	打开"查找"对话框	Ctrl+W	关闭当前文件
Ctrl+G	打开"网格线和参考线"对话框	Ctrl+X	执行剪切操作
Ctrl+H	打开"替换"对话框	Ctrl+Y	重复最后操作
Ctrl+I	应用（解除）文本倾斜	Ctrl+Z	撤销操作
Ctrl+J	段落两端对齐	Ctrl+Shift+F	更改字体
Ctrl+K	插入超链接	Ctrl+Shift+P	更改字号
Ctrl+L	段落左对齐	Ctrl+Shift+G	组合对象
Ctrl+M	插入新幻灯片	Ctrl+Shift+H	解除组合
Ctrl+N	生成新PPT文件	Ctrl+Shift+<	增大字号
Ctrl+O	打开PPT文件	Ctrl+Shift+>	减小字号
Ctrl+P	打开"打印"对话框	Ctrl+=	将文本更改为下标（自动调整间距）
Ctrl+Q	关闭程序	Ctrl+Shift+=	将文本更改为上标（自动调整间距）